Producción y logística para la exportación de mango y aguacate

Producción, logística y Exportación, Volume 1

Wilmer Antonio Velásquez Peraza

Published by KDP Editorial Design, 2022.

While every precaution has been taken in the preparation of this book, the publisher assumes no responsibility for errors or omissions, or for damages resulting from the use of the information contained herein.

PRODUCCIÓN Y LOGÍSTICA PARA LA EXPORTACIÓN DE MANGO Y AGUACATE

First edition. December 27, 2022.

ISBN: 979-8215760482

Written by Wilmer Antonio Velásquez Peraza.

Tabla de Contenido

Producción, logística y manejo para exportación de mango y aguacate..1

Producción, logística y manejo para exportación de mango y aguacate | ¿Cuál es el proceso de maduración de frutas y hortalizas para exportación?..3

Otros exportadores y competidores globales incrementan su exportación a cada año..17

Marketing y tendencias logísticas de estos rubros a nivel mundial...27

Expectativas y niveles productivos versus comercio exterior de perecederos..31

Procesos logísticos, manejo y economía con respecto a la alimentación...35

¡Tú carga y su buen estado debe ser la prioridad!.....................39

La cadena de frío y su importancia en perecederos.....................41

Tu forwarder de confianza..75

Sequía inminente, productividad y comercio exterior.................83

Producción, logística y manejo para exportación de mango y aguacate

Introducción

En el mundo complejo de hoy, donde las complicaciones, los excesos, las desigualdades, los sistemas establecidos, las políticas económicas, sociales y los métodos de exclusión en el planeta nos exigen ser muy creativos.

Producción, logística, manejos adecuados y métodos típicos para una correcta exportación de frutos como el mango y aguacate nos están demandando mucha atención y la adecuación de tecnologías eficientes y generadoras de valor agregado.

Esos niveles de valor agregado se estilan en épocas difíciles o de incertidumbre, aun cuando la pandemia mundial afectó seriamente el proceso de exportación de miles de productos, **incluyendo pasajes desde finales de 2019 hasta la fecha, en los cuales su venta ha crecido un promedio de 4.5 % anual**, un muy buen porcentaje, incluso mayor al de otros frutos tropicales como el plátano, la piña y el aguacate.

Rubros élite y muy apetecidos en el mundo.

Constituyen frutas tropicales que cada vez se consolidan, su presencia en el mercado justifica el aprecio que se les tiene, creando sus propias reglas. Mientras el resto de las especies demuestran estar sometidas a la tradicional ley de la oferta y la demanda cada temporada, exhibiendo eventuales ajustes en su producción, fluctuaciones en los mercados y oscilaciones en el consumo, el mango y el aguacate, su producción, la logística usada y manejos cada vez más sofisticados hacen que sean auténticos comodities, apreciados y muy valiosos.

En este pequeño libro te vamos a hacer partícipe de diversos procesos y acercarte a un conocimiento que hará de ti desde un gran productor y un gran exportador, contribuyendo así con tu economía y por ende la de toda tu familia, así que no se diga más, es el momento de avanzar, que comience nuestro recorrido.

Luz y vida a través de este manual que es para ti.

Producción, logística y manejo para exportación de mango y aguacate

¿Cuál es el proceso de maduración de frutas y hortalizas para exportación?

En el ámbito del manejo, producción y cosecha de futas y hortalizas perecederas o no destinadas para la exportación hay que tener mucho cuidado en los insumos a utilizar para inducir una correcta maduración de tu producto, bien sea fruta u hortaliza.

Un aspecto importancia y de relevancia significativa lo constituye el tipo y grado de sustancia utilizada para la óptima maduración de tus productos, en el mercado se presentan marcas e ingredientes activos o inertes que formulados proporcionan un producto que según tu tipo de producto, fruta u hortaliza, que requieren dosis según sus niveles y grados de maduración, así como también depende del manejo y las distancias a recorrer hasta el puerto final, por lo que este elemento integrador no se puede desestimar.

Expresado lo anterior, es eminente que la logística en comercio exterior se debe siempre intentar lograr una aproximación exacta de los productos más idóneos a utilizar en el manejo con vísperas a la maduración que deseas alcanzar y sin atentar contra las políticas reguladoras de los mercados internacionales.

1. Etileno concentrado registrado Biogen-XR

Es un producto de etileno concentrado registrado por la empresa Agrodesarrollos técnicos y comerciales SA de CV, es un producto registrado para el uso como un agente de maduración para plátanos, mangos, papaya, tomates y otras frutas, el mismo está avalado por la US Enviromental Protection Agency (EPA), registros de Estados Unidos, bajo la regulación de la Federal de productos insecticidas, fungicidas y rodenticidas, con otros registros de seguridad ejecutiva y directorio del Directorio de la regulación química del Reino Unido.

Es importante que las empresas distribuidoras de este tipo de químicos logren gestionar esos costosos registros y licencias de uso, para que los usuarios no infrinjan la ley y las condiciones de los mercados foráneos receptores de los productos destinados a la exportación.

El uso de este producto Etileno está permitido en frutas orgánicas, para su maduración y aceptado en cítricos, donde las regulaciones por países son implacables en este sentido.

Estos procesos de maduración inducida se realizan para aprovechar canales de exportación establecidos por temporadas en cada uno de los países receptores del producto destinado a la exportación.

Antes de ofrecer el producto para la exportación se debe vigilar los distintos estados de maduración:

✓ **Maduración comercial:** grado en que se debe encontrar el producto, la verdura, fruta u hortaliza para soportar los procesos del manejo, que se exportan en un incompleto estado de madurez, pero que al llegar a puerto de destino debe permitirse una maduración adecuada según el tipo de producto y la condición del mercado receptor.

✓ **Madurez de consumo:** este estado no es apto para la exportación, ya que en este período o instar de desarrollo, el producto está listo para el consumo, con todas sus características organolépticas (sabor, textura, color, aroma, composición nutricional, entre otras variables).

Autoridades de México velan por el cumplimiento de las políticas de protección a productores de aguacates

En distintas partes del territorio de México, las autoridades correspondientes velan por el cumplimiento de las políticas de protección al sector de producción de aguacates. Mientras diversos carteles de la droga de distintas partes del oeste de México extorsionan y hacen de las suyas.

Productores piden mayor protección a las autoridades competentes para mantener a flote la industria y el negocio agroexportador, más en un rubro como el aguacate, donde México es el primero a nivel mundial, para nada estas prácticas malsanas favorecen y al contrario influyen negativamente en la logística, el transporte y por ende en la exportación.

Para que México continúe siendo el primer y más confiable exportador de aguacates, necesita tanto del aporte del gobierno, como la acción conjunta de los distintos productores agremiados en las áreas de influencia del vital rubro.

Sostenibilidad vs futuro y actualidad.

Se debe luchar por la sostenibilidad del aguacate, y mantener muy en boga el producto y sus derivados, el aguacate fresco, aceite de aguacate, mantequilla de aguacate, el guacamole y demás alimentos que se obtienen del aguacate, vital para nutrir hábitos dietéticos y regímenes libres de gluten.

Para validar y por ende apoyar la tesis de la sustentabilidad del aguacate, el CEO de la organización mundial del aguacate (WAO) Xavier Equihua envió un comunicado mundial en defensa de la tesis del aguacate, su seguridad y sustentabilidad.

El aguacate es un producto tan noble que es uno de los que menos requiere agua para su producción, lo cual favorece tanto al ambiente, como a la propia permanencia del ser humano en la tierra, esto al referirnos a su propia vida.

Normas, reglamentos y técnicas

El cumplimiento de los requisitos arancelarios, medidas sanitarias y fitosanitarias, normas y reglamentos técnicos, la adaptación de procedimientos y de evaluaciones tendientes a la exportación, aplicado a los productos en los mercados de destino foráneos.

Aplicando la logística, y técnicas que impulsen el rubro y su crecimiento con el apoyo de las autoridades del gobierno, en contra de mafias y de barreras fiscales y arancelarias para el mejor acceso de los productores a los mercados exportadores más competitivos del rubro a nivel mundial.

Estimaciones con visión de futuro.

Se estima que la exportación de aguacates en el país de aquí a 9 años, en 2030 tendrá un crecimiento de casi 50% en el tonelaje de producción destinada a la exportación. Un crecimiento sostenido acumulado en números de 67,28% de los cuales 1.02 millones de toneladas métricas destinadas al consumo local y 2.14 MMT a las exportaciones.

Mediante las políticas de producción, protección y exportación del aguacate, se presenta un avance en la demanda comercial del rubro con crecimiento de los socios potenciales a nivel global.

Una restricción a la exportación del rubro, es el aspecto fitosanitario, esa atención consolida las relaciones con países importadores y mantiene una posición muy firme con evidencias técnicas y científicas, el impulso de la producción de aguacate para incrementar las exportaciones con cierta ayuda del estado, y también con mucho capital privado.

Las políticas de protección abarcan distintas zonas del país a saber:

Regiones:

1.- Yucatán

2.- Quintana Roo

3.- Campeche, Chiapas, Tabasco, Yucatán.

4.- Chiapas.

5.- Chiapas, Tabasco.

6.- Oaxaca.

7.- Oaxaca.

8.- Oaxaca.

9.- Guerrero

10.- Guerrero, Oaxaca.

11.- Guerrero.

12.- Guerrero, México, Michoacán.

13.- Guerrero, Michoacán.

14.- Jalisco, Michoacán.

15.- Michoacán.

16.- Colima, Jalisco, Michoacán.

17.- Colima, Jalisco.

18.- Guanajuato, Jalisco, Michoacán, Nayarit, Querétaro, San Luis Potosí, Zacatecas.

Entre otras zonas de producción, así como algunas regiones potenciales, susceptibles de ser no sólo buenas productoras sino grandes exportadoras.

Esas políticas de producción y exportación del rubro abordan y abarcan las siguientes aristas:

- Enfoque educación agrícola
- Información general del sector
- Producción del rubro vs rentabilidad

- Sustentabilidad
- Logística y mercados
- Relaciones comerciales
- Tecnologías y avances aplicados, entre otras.

Con esta publicación intento mostrarte los distintos enfoques de producción, distribución, manejo, comercialización, exportación y políticas de protección aplicadas al aguacate como uno de los pilares de México a nivel mundial.

Tags: #politicas, #produccion, #productores, #aguacate #Mexico, #zonas, #productoras, #comercio, #exterior.

¿CÓMO ESTÁN LOS MANGOS de México?

México tradicionalmente y a lo largo de los años ha tenido una producción de mangos constante.

Sin embargo, debido a la variable del clima y la sequía el tamaño del fruto ha disminuido, por consiguiente, su precio en los mercados mundiales.

La producción más reciente representó 32,4 millones de cajas del país, un valor más o menos similar al del año pasado que fue de 31,3 millones.

Los mangos provienen de las zonas de Nayarit, el sur de Sinaloa y Jalisco, están en espera los de Michoacán, su presencia se estima en unas dos semanas.

Son frutos en esencia más pequeños por los cual los precios en el mercado internacional se han visto mermados.

Un altísimo porcentaje de la producción de mango de México depende de las lluvias, un 90%, como ustedes deben saber la sequía y el bajo nivel de las fuentes de agua que se encuentran en un 30% de su capacidad, lo que complica la situación.

Solo el 10% del mango del país tiene disponibilidad de riego, las demás plantaciones dependen de las condiciones del clima y al afectar su desarrollo, el precio internacional de la fruta disminuye.

Aunque el mango es constante en cuanto a su demanda en los mercados foráneos, depende de muchas variables y cualquiera le puede afectar, una importantísima en este sentido lo constituye el covid-19, y en definitiva ha causado estragos en el mercado internacional.

¿Cómo se ven afectados los precios del mango para 2021?

El fruto al tener un menor tamaño, el precio es más bajo entre $2,75 y $4, aun así la fruta más grande también ha tenido un valor más bajo en comparación con la temporada anterior, entre $3,50 y $4,50.

El tamaño y la cosecha de mangos mientras se acerca el verano su tamaño y precio tiende a mejorar.

Muchos exportadores recuerdan como el mango en el año 2019 llegó a estar arriba de los $35.00 el promedio nacional por kg, con picos de $40 y valles de $11 en su precio menor.

El año pasado el precio estuvo con altibajos y este año 2021 la sequía no ha aportado nada apreciable a la ecuación.

¿Cuánto mango se produce en México?

En los últimos 40 años el valor de la producción nacional de México ha aumentado en 297,5%.

La línea productiva en esas décadas ha sido exponencial y en constante aumento.

El mango se produce en 23 estados de la República y los mayores volúmenes en porcentaje ocurre en los estados de:

- ❖ Guerrero 20.62%
- ❖ Nayarit 17.26%
- ❖ Chiapas 14.96%
- ❖ Sinaloa 10.49%
- ❖ Oaxaca 10.10%
- ❖ Michoacán 8.60%
- ❖ Jalisco 6.16%
- ❖ Veracruz 5.13%.

El mango es un cultivo perenne, su producción ocurre durante todo el año, pero presenta picos de mayor producción durante los meses de abril, mayo, junio y julio.

Entre enero y abril del año 2021 las exportaciones de mango aumentaron en 30%, de hecho, en México el crecimiento interanual se ubicó exactamente en 30.3% en el período antes mencionado, con un valor de 108.700 toneladas.

Ese valor ha representado 127.1 millones de dólares, un gran avance de 57.8%. Todas las exportaciones de mango sumaron 421,600 toneladas en 2020, un valor que representó ventas por el orden de los 457 millones de dólares.

Un cultivo que debido a las múltiples problemáticas que han tenido los productores y a la sequía generalizada, a tenido altibajos sin embargo la acción de agentes transitorios como G&P Logística en comercio exterior, quienes apoyan logística y planificación de los procesos de embarque dejando todo listo para la exportación.

Esa colaboración, el apoyo técnico, el mayor conocimiento y manejo de las leyes y aranceles viabilizan los procesos de tal forma que harán aumentar paulatinamente tu productividad y rentabilidad.

Comportamiento del mango a nivel global

A pesar de las temporadas de asedio meteorológico que ha sufrido el rubro del mango a nivel mundial, esto ha permitido que productores estables mejoren sus precios a nivel global.

En China, la sobreproducción atenta contra la estabilidad de sus mercados foráneos en variedades históricamente de las más diseminadas, en contraposición a esto el gigante asiático, un monstruo a nivel global en la producción de todo tipo de manufacturas y electrónicos, tecnologías, se nutre de importaciones del mango desde Tailandia, Taiwán, Vietnam, Australia y del Perú.

En Europa, primordialmente en España con unas 3.000 hectáreas de buenas variedades como Tommy Atkins y Osteen, los mercados globales se interesan cada vez más en el producto español, por su calidad y grados brix (porcentaje de azúcares naturales de la fruta), otra característica es que tiene un muy buen aspecto, consistencia, color y tamaños desde aceptables a grandes.

En Holanda, los tulipaneros receptores del producto perecedero, no tienen buenas expectativas, ya que desde meses anteriores se han retrasado suministros de países que históricamente fueron proveedores confiables y constantes.

Israel nutre sus mercados recibiendo los Osteen y Tommy Atkins desde el mercado español, obteniendo tamaños grandes de muy buen precio y valor.

Italia con los bajos rendimientos de sus cultivares, debido a los malos tiempos, los pocos que mantienen buena producción, presentan calidad y sus precios mejoraron a pesar de todo y se han acercado a un 20% más.

Italia importa mangos desde México, pero al no ser este suficiente reciben productos de Israel, y esperan recibir mangos de la variedad Kent de Brasil.

También reciben mango Osteen español, pero su precio tiende a ser menor ante los de mayor tamaño y calidad provenientes de otros mercados.

La ventaja de este mango es que se presenta de diversas formas, pre-maduro, maduro, verde y en cajas de 10 kg, con productos que van desde 20gr a 800 gr, no más de allí.

Los alemanes, reciben los mangos ecológicos de España, al mermar los proveedores de mangos hacia Alemania, los europeos prefieren mangos ecológicos de España, una variedad y tipo y tipos de mangos que apetecidos, y bien pagados entre los 12 y los 15 euros, mucha aceptación y precios buenos para los exportadores de España.

En Sudáfrica los estragos causados por el covid-19 y los tipos de cambio han afectado las importaciones del país, desde comienzos de la pandemia y 2 años después los sudafricanos dejaron de importar mango, recientemente reciben algún producto de Mozambique.

En Estados Unidos con suministros estables y precios más elevados, alta calidad y ofertas constantes.

Desde México reciben unas 78 millones de cajas provenientes primordialmente desde el sur y el norte de Sinaloa.

México les aporta Tommy Atkins, Honey/Atulfo, Hass, Kent, Keitt y otras variedades en menor proporción.

Los norteamericanos valoran muchísimo el mango mexicano cuyos precios tendieron al aumento.

Con respecto a los australianos, están trabajando con nuevos híbridos, sus puntos máximos de producción fueron en octubre y se mantendrán hasta el 15 de diciembre aproximadamente, muchos frutos en los árboles australianos.

Los australianos producen muy buenos híbridos desarrollados por el Programa Nacional de mejora del mango, cultivados en huertos de Australia Occidental, el Norte, Queensland y Nueva Gales del Sur.

Aquí investigamos para traerte datos e información, la más veraz y actual posible de los mercados productores y exportadores de perecederos como el aguacate y el mango, un poco para enriquecer tu visión ante las movidas tanto de producción, exportación, logística y calidad de estos productos.

Todo esto se convierte en un decisor constante y acertado, más si piensas dedicarte o estás ya en el negocio exportador, de logística y de estos importantes rubros en México producidos con gran calidad y sello **Made in México**, para orgullo nuestro por su calidad y competitividad ante los mejores productos a nivel mundial.

TAGS: #COMPORTAMIENTO, #mango, #exportación, #nivel, #global, #logistica, #mercados.

El aguacate mexicano necesita un auge en cuanto al marketing con visión al próximo ciclo 2023.

A finales de la temporada de 2022, el porcentaje de producción del rubro ha bajado en un 8%, esto con respecto al mismo período del año anterior, un elemento que se visualiza según cifras expuestas en el sitio web freshplaza.com.

Mientras las cifras de producción se recuperan, se hace necesario invertir en mejoras referidas al levantamiento y recuperación de plantaciones en este fin de temporada y comienzos de la temporada de inicio del año 2023.

A La demanda internacional sólo le será atractivos los niveles de producción y exportación, si estos se corresponden en el balance de los precios de producción con respecto a las ganancias y rentabilidad que a los mercados receptores le aporte.

Si bien, es Michoacán el único de los estados mexicanos con certificación fitosanitaria para la exportación a USA.

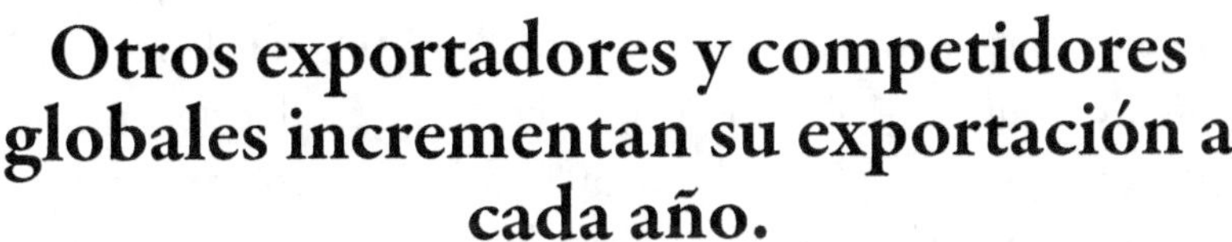

Otros exportadores y competidores globales incrementan su exportación a cada año.

México es uno de los más grandes productores y exportadores de aguacates del mundo, para lo cual ha invertido, en insumos, incentivos para la producción, logística y financiamiento, lo que se ha traducido en una producción del 30% de lo que se genera en todo el mundo, en alusión a este importantísimo rubro.

El Estado Mexicano produce variedades de plantas muy importantes, como el HASS, cuya producción representa casi el 97% del total y lo complementa el criollo pequeño, de muy buena calidad y demanda.

Año a año, se especializa el productor mexicano, lo cual incrementa tanto la calidad, como el producto exportado en cada una de las temporadas, y esto es muy valorado por los mercados foráneos.

En el estado de Michoacán, se da cerca del 75% de la producción nacional del rubro, y un 80% del aporte total a la producción de mayor calidad destinada a la exportación hacia los mejores mercados globales.

En un acuerdo firmado por la asociación de productores, empacadores y exportadores de aguacate de México (APEAM), grupo que aglutina y reúne a unos 29.000 productores, muchos de ellos pequeños, pero muy buenos productores que poseen superficies de máximo 5 has.

La producción de Michoacán, para la temporada 2021/2022 tiene expectativas cumplidas por valor de 1.78 millones de

toneladas métricas con rendimientos de 10.64 toneladas métricas/ha.

En un informe proporcionado por el departamento de agricultura de los Estados Unidos (USDA), referido al reporte anual de producción de aguacates, se expresa también que Jalisco, es el segundo estado de México con producción de más de 25.000 toneladas métricas por año, con unos 3100 productores con una producción media de 10 ha o más por productor y el 50% del total del área sembrada, representada por grupos de 15 a 20 productores.

Jalisco a su vez es uno de los estados que aplica tecnología de punta en inspección de las plantaciones con el uso de drones, con estos dispositivos visualizan o monitorizan tanto las densidades de plantas y la salud, como la productividad de las plantaciones.

Rubros tan apetecidos, y con tanto auge en el mundo, no pueden perder su avance en el mundo por falta de la correcta aplicación de estrategias de marketing, que contribuyan a realzar tanto a los productos, como a su calidad, esto permitirá consolidar su valor en los mercados mundiales y abrir nuevas opciones de mercado que les garanticen su espacio preponderante en el concierto económico y logístico agrícola mundial.

Debemos estar siempre atentos a las tendencias de producción y exportación de rubros perecederos como el mango y el aguacate, te brindamos siempre datos exactos en aspectos tanto productivos como de niveles de organización a la par de la vanguardia de la logística y exportación de estos rubros vitales para México y para el mercado receptor mundial.

Tags: #marketing, #visión, #produccion, #Mexico, #futuro, #aguacate, #auge, #Michoacan, #Jalisco, #comercio, #exterior.

EN COLOMBIA INCREMENTAN las granjas certificadas para exportar mango a la Unión Europea y a Estados Unidos

Una institución adscrita al ente rector de la agricultura en Colombia, el Instituto Colombiano de la Agricultura (ICA), recientemente certificó a 7 granjas productoras de mango, cuyos productos se destinan a la Unión Europea y a USA respectivamente.

Las granjas están ubicadas en el departamento de Tolima, y tienen un área de producción de 64,79 hectáreas, su producción engloba variedades de mango muy apetecidas como: Tommy, Filipino, Van Kyke, Keitt, Nam dok mai mango y Yulima, entre otras, según datos aportados por el portal freshplaza.com.

El **departamento de investigación del Instituto Colombiano de Agricultura** (ICA), dedica especial cuidado a la fiscalización y monitoreo constante, verificando si se cumplen las medidas exigidas tanto por la Unión Europea, como el **Departamento de Agricultura**

de los Estados Unidos de América, USDA por sus siglas en inglés, esto en especial con parámetros como la **densidad en cuanto a la presencia de la plaga Anastrepha spp**, cuya población máxima permisible debe ser menor o igual a 0,5 (**Insectos-trampa-día**).

En el país Neogranadino, los **sitios de producción son monitoreados** con un **sistema** conocido como **McPhail**, una técnica que mide la **incidencia de las plagas voladoras como la Anastrepha spp**, medidas por 20 hectáreas de extensión cada 3 meses, o por lo menos 3 meses antes de la apertura de la temporada de finales del año.

El control por semana se realiza mediante la **colocación de atrayentes de colores llamativos**, generalmente constituidos por **platos plásticos de colores naranja** o **amarillo**, a los cuales se le coloca **feromonas**.

La colecta de los insectos se hace donde hay mayor densidad de plantas, así determinan los individuos del mango que **mayor incidencia tenga del insecto plaga, cada semana**.

El trabajo de los investigadores del ICA, consolida la detección e identificación de las áreas libres de incidencia de plagas, o cuyo accionar está por debajo de los niveles permisibles, establecidos en los protocolos internacionales de Europa y USA para aceptar la exportación, este proceso es garantía de un producto sano e inocuo (No produce enfermedad), y que el mismo es apto sin necesidad de aplicar tratamientos adicionales o necesitar períodos de cuarentena.

El Instituto Colombiano, como ente ejecutor de las políticas de investigación agrícola del Ministerio de Agricultura de Colombia, en estas materias, continúa certificando unidades productivas para la exportación de mangos hacia Europa y USA.

En la actualidad el ICA tiene más de 100 predios productores de mango autorizados para la exportación del rubro, con un área equivalente a las 2.020 hectáreas en su data.

En un titular publicado en el diario La República, de Colombia, la periodista Allison Gutiérrez Núñez precisó que, en un plazo perentorio de 3 meses durante el mes de junio, exactamente a finales de ese mes se estableció que salieron cargamentos de mango hacia mercados foráneos, uno de los destinos Estados Unidos, debido a la magnitud del embarque, se convierte en el segundo destino del mango después de la Unión Europea.

Alcanzar esos niveles de certificación fue un trabajo conjunto del Ministerio de Agricultura de Colombia, a través del ICA y de la institución norteamericana APHIS, de los Estados Unidos, quienes en conjunto establecieron los protocolos y el plan operativo de actividades y el trabajo a seguir, con respecto a las ya citadas certificaciones.

Se cumplió a cabalidad los requerimientos técnicos y logísticos exigidos por el APHIS, que como institución agilizó la publicación del acuerdo cumpliendo con los fines de la consulta internacional, dirigido a la Organización Mundial del Comercio (OMC).

La OMC en base a sus protocolos de trabajo exige dos opciones para que el producto colombiano llegue a los mercados de exportación, principalmente a la Unión Europea y a los Estados Unidos de América, este dató lo suministró, la fuente: Deyanira Barrero León, la gerente general del ICA.

Una de las variedades de mango más apetecidas en los mercados extranjeros, lo constituye el llamado mango de azúcar, y variedades como hilacha (39%), Tommy (20%), Keitt (10%), Yulima (10%) y mango de azúcar (5%), según expresaron productores del valle de Tolima.

Estas cifras y la apertura de nuevos mercados para la exportación de productos del agro colombiano, se van logrando gracias a las políticas en la materia y debido a la socialización constante del ICA, quién capacita constantemente a los productores, importadores y exportadores de rubros agrícolas de importancia, entre ellos el mango.

Para una correcta logística en el comercio exterior, es muy importante buscar la información inherente a esta y otras materias, contribuyendo a llevar directo a ti los aspectos relacionados, con rubros y la apertura de nuevos mercados, así como la incidencia del sector agrícola, no sólo de Colombia, sino de México, Perú, Brasil, y en general de los demás países latinoamericanos con capacidad de impacto mundial, mediante sus exportaciones y calidad de productos.

Tags: #granjas, #certificadas, #exportación, #mango, #Europa, #USA, #comercio, #exterior.

En Perú casi el 90% de los predios certificados como exportadores de aguacate son pequeños productores

Según el portal frutícola, sitio que aporta un dato importante basado en cifras del Servicio Nacional de Sanidad Agraria del país Inca (SENASA). Casi **el 90% de las unidades agrícolas que se certificaron como exportadores de aguacate**, lo constituyen pequeños productores, muchas de ellas incluso, unidades productoras familiares.

¿Qué significa esto en cifras?

El SENASA como ente rector del **Perú en esta materia certificó 6.065 predios**, lo que equivale exactamente el 88% del total de exportadores registrados, esta cifra está representada por predios menores de 5 hectáreas, de las cuales el 73% son menores incluso a 2 hectáreas.

Un aspecto muy importante de estas cifras, lo representa la **cantidad de familias beneficiadas por la exportación del aguacate**, son **unas 5.000**, una cifra nada despreciable, debemos acotar.

Los productores están diseminados por 17 regiones que involucran a una gran representación de la superficie del Perú.

Esta es una actividad que está en pleno crecimiento en el país, y que se da todos los años entre los meses de marzo a septiembre, meses donde se ubican los picos de mayor productividad, así mismo los predios trabajan con el ente rector del sector, quién se encarga de **habilitarles las permisologías necesarias que certifican** su actividad, la que es realizada de manera totalmente agroecológica.

Perú durante los primeros 6 meses del año 2022, incluyendo aún el mes de julio pasado, se **exportó 441.246 toneladas de aguacate con un aumento del 25%** si lo comparamos con el mismo período de la temporada pasada. **Fuente: Portal frutícola.**

Los países destino del producto son: **La Unión Europea**, como bloque y **Estados Unidos** principalmente, en una menor medida también se encuentra el gigante asiático: **China.**

Perú es un gigante del rubro aguacate, constituyéndose en el 90% del total de los rubros agrícolas destinados a la exportación, el mismo llega a 65 destinos en todo el mundo.

¿Cuál es el comportamiento del mercado exportador?

El comportamiento del mercado, de ese gran nivel exportador, en este manual enseguida te mostramos un ejemplo: el precio del aguacate, ante uno de sus principales mercados de destino USA.

Luego de la difícil situación que ha significado "la pandemia" por el covid-19, desde noviembre del año 2021 en el período de enero hasta julio, ha experimentado un repunte en los precios de venta hacia los Estados Unidos, sobre todo en aguacates provenientes de México y desde luego de Perú.

Un repunte que se manifestó en la semana número 27 de la temporada del año 2022, precios en (USD/Kg), con un alza importante hasta la semana 31.

Que precisamente en esa semana 31 representó un valor en precio de 3,02 usd/kg, un 22% más alto que en el mismo período del año 2020. **Fuente: USDA Market News, citado por Agronometrics.**

Esos precios, valores promedio actuales los representan variedades como: el Hass principalmente, cuyos volúmenes significativos provienen desde California (USA), de México y Perú respectivamente.

Dentro del país norteamericano, en ese mismo orden USA, México y el Perú, países donde se ubican los mejores precios en orden decreciente, todo depende, claro está, de la calidad del producto y de la estabilidad del producto y el mercado, así como de los hábitos de consumo de las personas en esos países.

En este sentido, debemos brindar un reconocimiento especial a la **herramienta Agronometrics**, la cual nos permite visualizar los datos por rubro y por país, por semana, días y horas, es decir, en tiempo real, lo que nos facilita el análisis.

Es por esta y otras razones que en este pequeño pero gran manual, te damos información detallada, inherentes a las **fuentes de**

producción y exportación por **países, su logística y métodos**, sus mercados, y lo más importante, te mostramos a **los protagonistas, los mercados** hacia los cuales su producción es dirigida, y **la eficiencia** con la cual estos operan para mantener el liderazgo que ostentan actualmente en los mercados exportadores mundiales y en cuanto a la logística de un rubro tan importante y apetecido a nivel global.

Tags: #aguacate #perú #predios #certificados #exportadores #pequeños #productores #eficiencia #mercados #mundiales.

Marketing y tendencias logísticas de estos rubros a nivel mundial

Éxito total en el evento empaque, logística & automatización en Madrid

En una nota emitida por el medio loginews se dio a conocer la amplia participación que hubo en el evento más grande de España que se relaciona con las tendencias, la logística, los empaques y productos para la exportación.

Un evento de resultados impresionantes que en la edición de finales del año 2021, aglutinó más de 9.000 participantes.

Actividad en el centro recinto ferial de eventos en Madrid (IFEMA) sirvió de escenario para reunir a participantes, líderes, transportistas, empresarios y emprendedores de la logística, el transporte y el empaque no sólo de España sino de toda Europa, América latina, Estados Unidos, China y Japón.

Marcas patrocinantes y más de 100 ponencias cuya función es mostrar las tendencias y los avances de la industria y de los mercados a nivel del orbe.

Actividades formativas, productos y servicios, empaques, vehículos, demostraciones en vivo que supuso una experiencia de altura sin precedentes para los participantes del evento logístico y estratégico.

Este tipo de eventos son el presente y el futuro del negocio logístico, de empaques y de la exportación de distintos rubros a nivel mundial.

Encuentros, stands, negocios, logística, empaques, innovación, charlas, tertulias, donde los distintos agentes, brokers, operadores multimodales y público en general ofrecieron sus aportes, impresiones y presencia para enriquecer este magnífico evento.

Soluciones innovadoras en envases y empaques, embalaje de casi cualquier producto, siendo un pilar para quienes la logística es la norma, vieron como cada ponente, expositor, participante se lució, destacando y dejaron el escenario preparado para el encuentro del año 2022 que se realizó los días 26 y 27 de octubre del año en cuestión.

Desafíos de intralogística, aportes y soluciones:

Elementos de tracking (rastreabilidad) y etiquetado de productos, tipos de empaques y eficientes embalajes.

Formas de estibado y técnicas de almacenamiento, consultoría y servicios, en ese mismo sentido, las últimas y más avanzadas maquinarias y equipos de elevación, cargas y montacargas, hidráulica, seguridad en logística, la robótica y automatización de procesos productivos y flujogramas logísticos.

Espacios, áreas, contenidos, equipos, mostraron genialidad en la presentación de contenidos y aportes, así como soluciones de empacado, picking, paletización, tecnologías de sensores, escaneado, rayos x, softwares, electrónica industrial, tecnologías neumáticas, los más novedosos y sofisticados componentes para la automatización y la robótica en procesos logísticos y productivos.

Se realizaron recorridos y paseos guiados para los visitantes por los distintos stands, que en esencia mostraban todas estas innovaciones, que resultan más eficientes y disruptivas o prácticas.

Cada uno de los foros tecnológicos tuvo espacios donde se evidenció las mejores soluciones logísticas, aplicaciones cuya principal importancia radica en mostrar y recrear de forma más expedita la cadena de valor y la logística integral, metodologías y técnicas de vanguardia para las industrias del mundo de hoy, con una visión de integración del presente con el futuro inmediato del sector.

Un premio a la organización, la participación, la logística y la constancia de una industria en constante crecimiento y a la vanguardia de las exigencias de la época actual.

Con escenarios y demostraciones de productos, equipos, técnicas y procesos logísticos y en movimiento, un ejemplo a destacar es la generación de carretillas, las plataformas elevadoras de carga, sincronía y distribución de los espacios destinados al almacenaje de productos, robots, flejadoras, equipos de pesaje y mucho más.

Con este tipo de contenidos de manejo y logística te hacemos partícipe en directo y en tiempo real de las tendencias e innovaciones, así como las novedades de las cadenas de suministros, un aspecto vital de la logística y de los procesos de exportación a nivel global.

Tags: #evento, #empaque, #logistica, #automatizacion #industria, #madrid, #IFEMA.

Expectativas y niveles productivos versus comercio exterior de perecederos

Lucha por la hegemonía productiva y exportación del aguacate

En el capítulo de México y Colombia, existen amplias estimaciones y niveles productivos, así como expectativas de exportación, más aún al referirnos al capítulo México y Colombia, los grandes protagonistas de este rubro a nivel global.

Una estimación real de exportación para junio de 2021, correspondió a la cifra de más de un millón de toneladas, rubro aguacate llevado desde México a Estados Unidos.

El aguacate que se ha exportado desde México al mercado de USA ha experimentado crecimientos exponenciales desde el año 2016 donde su comercio exterior ha alcanzado cifras cercanas a las 70 mil toneladas.

Para la asociación de productores de aguacate de México, el 95% del mercado japonés lo surte México.

Según el medio digital Infobae ya para el mes de febrero de 2021 Colombia se ha constituido como el máximo exportador de aguacates del mundo, desplazando a México Chile España y los países bajos (Holanda).

Principalmente en el rubro de la variedad Hass.

Cifras aportadas por la corporación colombiana de investigación agropecuaria (Agrosavia) y la corporación de productores y exportadores de aguacate Hass (Corpohass), del país neogranadino, afianzan un crecimiento sostenido a niveles de exportación del rubro, variedad Hass, afianzándole con proyectos investigativos y de amplia gama.

Agrosavia y Corpohass actuando juntos en perfecta sinergia y armonía apuntalan el crecimiento agroproductivo, este dato lo ratifica Juan Mauricio Rojas Acosta, director de Agrosavia.

En conjunto a un convenio de cooperación llamado agroantioquia 4.0, para el crecimiento del rubro de esta variedad Hass desde la selva colombiana.

Fuente principal Mediakit 2021 Red agrícola de Colombia año 2021.

El aguacate Hass Colombiano se comenzó a exportar desde el año 2009, según González y Pérez Procolombia (2015), Manotas & Ciravegna (2016). Desde 2015 ha crecido en niveles de 8.217% alcanzando los 9 millones de dolares americanos, y no ha parado de crecer desde 2016 hasta la última temporada de 2020 y la de comienzos de este año 2021.

Para Díaz V., Ardila L & Guerra A. El contexto de esa productividad del rubro en Colombia variedad Hass expresa ese aumento significativo en las exportaciones hacia Estados Unidos y Japón.

Cifras aportadas por Analdex desde 2018 se exportaron unas 33 mil toneladas a mercados extranjeros, lo que reportó unos 70 millones de dolares.

La sociedad portuaria de buenaventura (SPB) nos expresa que 400 toneladas del rubro son exportadas a mercados asiáticos, en especial la tierra del sol naciente Japón.

Desde esos años 2018 un portafolio que evidencia el alcance de 90 millones de dolares en la producción para ese año.

Juan Carlos Díaz y Carolina Ardila en un estudio de admisibilidad de la producción del aguacate Hass Colombiano mostraron que su exportación al mercado norteamericano y al este de Asia, son garantía de amplias oportunidades de crecimiento desde 2019 y 2020 y enfatizan a su vez el amplio potencial del mercado europeo.

La organización de las naciones unidas para la alimentación (FAO), en 2019 señaló que a nivel mundial la piña, el aguacate y el mango continúan siendo las frutas tropicales más comercializadas del orbe, dejando a las bananas en planos secundarios.

Ventas mundiales de frutos como el aguacate y el mango colombianos constituyen la cifra de 1036 millones de dolares americanos, donde el mercado europeo participó con un 72,2% y cifras cercanas a los 800 millones de dolares.

Países europeos de esa gran demanda, expectativas y niveles productivos, del comercio exterior de perecederos, lo constituyen a saber Bélgica, el Reino Unido, Italia y los países bajos (Holanda).

Tags: #expectativas, #niveles, #productividad, #comercio, #exterior, #perecederos.

Procesos logísticos, manejo y economía con respecto a la alimentación

Durante épocas recientes y siguiendo las tendencias de etapas anteriores a este siglo, en virtud de las formas de vida y de cómo se relacionan los individuos y como se realiza la comercialización de productos en base a la alimentación del ser humano, se hace necesaria una reorganización en diversos aspectos del comercio internacional.

Más aun, en momentos que el planeta está siendo azotado por un flagelo a todas luces de carácter mundial, el mismo está haciendo estragos no solo en la salud de los individuos, sino en las actividades productivas y en los intercambios e interconexiones globales, así como en la logística de los productos y servicios, aquí no están exentos los alimentos frescos perecederos a nivel global.

Cada una de las aristas anteriormente citadas constituyen variables susceptibles de generar un gran impacto, en lo económico, social, político, tecnológico y desde luego en lo cultural, en la idiosincrasia y los medios de transporte logístico en cuanto a su valor intrínseco y real.

Impactos de procesos logísticos en la economía y alimentación

Un impacto significativo en el orden económico y en la alimentación al ser trastocados los medios de intercambio y de transportes, logística y comercio exterior ha presentado un declive, como es natural ante la incidencia antes citada, debido a esto la gran importancia de contar con un elemento globalizador e integrador constituido por la experiencia de profesionales en logística, embalaje, y transporte internacional.

Más controles, muchos elementos de cuidado y al checar como se mueven estos sucesos en los espacios naturales cuando está mermado el libre tránsito humano, de productos y servicios tomando en cuenta que los productos que transportamos son de muy alta calidad, pero de corto periodo de tiempo (perecederos).

Embalajes y sitios de recepción, estibado y grados de maduración

Se hace vital mantener un correcto embalaje desde la recepción en el sitio de cosecha, el tipo y categorías de maduración de los frutos, el estibado, tipos de embalajes, y distintos niveles de maduración, acidez y grados brix que permiten llegar al destino final, un producto en un gran estado, sin daños y una altísima calidad ante el receptor final.

Estamos en períodos tanto de transformación como de adaptación de las agroindustrias productoras y los mercados receptores de productos y servicios que necesitan alcanzar una sincronía y eficiencia, más aún cuando se refiere a frutos como el mango y el aguacate tan delicados en cuanto a su manejo y distribución a nivel mundial.

Comercialización y logística en el comercio exterior

Te orientamos para que puedas adaptarte a los nuevos tiempos y junto a ti hacer más ligera y llevadera, menos impactante esa transformación de los procesos interdependientes de factores externos, como de las economías, la salud y los procesos de producción, comercialización y logística en el comercio exterior, manteniendo sus ventajas comparativas y la competitividad sin dejar de lado la calidad de nuestros servicios.

Esa competitividad internacional en rubros perecederos como el aguacate y el mango manejados con amplia eficiencia, las capacidades logísticas nacen de las mejores rutas establecidas en aduanas ubicadas en puertos clave: Ciudad de México – Guadalajara, otras fronterizas como Laredo y Reynosa y marítimas en: Altamira – Veracruz - Lázaro Cárdenas – Veracruz y Manzanillo.

Todo un entramado logístico que nos permite transportar carga nacional importación y exportación dentro del sector agroindustrial (Productos perecederos frescos), con acceso a líneas navieras, puertos y proveedores estratégicos con personal operativo y especializado.

Servicios de transporte aéreo en alianzas estratégicas con diversas aerolíneas, manejo de todo tipo de mercancías y destinos, tanto nacionales como internacionales, importación y exportación con énfasis en productos frescos, manteniendo intactas las cadenas de frío y de ser necesario atmósfera controlada.

Con la permisología necesaria en productos como el mango y el aguacate, certificaciones orgánicas de U.S.A, Japón y Europa. Y recuerda:

¡Tú carga y su buen estado debe ser la prioridad!

Total, la eficiencia en el manejo de procesos logísticos y de embarques donde cuidamos al detalle toda la cadena logística con tiempos de operatividad que realmente te sorprenderán.

Aspiramos alcanzar tu confianza y nos agradecerás ya que juntos podemos lograr manejar tus cargas y procesos de importación y exportación de tus productos agroindustriales.

Estaremos convirtiéndonos en líderes del ramo, pero sobre todo en tus aliados tanto técnicos como logísticos, usando tecnologías de vanguardia.

Lo que nos permite optimizar cada uno de nuestros procesos y operatividad para que así los métodos aplicados a esa operatividad, hacen mucho más fácil el proceso de globalización e interconexión de tus embarques, envíos, cargas y mercancías, que se realicen sin stress, por el contrario, con máxima eficiencia y la calidad de servicios que solo un gobierno y empresa privadas organizados y en sincronía te pueden brindar.

Llegó el momento de que te unas a nosotros por tu empresa, y por el éxito de tus actuales proyectos con miras a crecer en el futuro inmediato y a tu completa satisfacción.

La cadena de frío y su importancia en perecederos

Si de algo estamos orgullosos en mostrarte procesos de logística en comercio exterior es de ser Mexicanos, y de que nuestro país posee altos estándares en logísticas y calidad de envíos, con cadenas de frío de mucha calidad y eficiencia, un aspecto muy importante en el éxito de las estrategias en cadenas de suministros para exportación.

Un aspecto vital del éxito lo constituye las cadenas de frío, un elemento integrador y vital cuando se transporta perecederos y las de nuestro país son de primera, de calidad mundial.

Mantén tu cadena de frío a tope y a su máxima capacidad, se estima que en el país existe según el diario El financiero, un aliado comercial de Bloomberg, quienes en dato especifican que se tiene una capacidad y parque vehicular de esta área de las cadenas de frío equivalente a más de 77.000 unidades de transporte.

Unos 15 millones de metros cúbicos de capacidad, lo que constituye y coloca a México como un grande en la región.

Existe un ente denominado Alianza Global de cadena de frío (Global Cool chain aliance, por sus siglas en inglés). Ente que promueve y regula la utilización de mejores prácticas y equipos y diseños más eficientes en instalaciones adaptados a las tendencias mundiales en materia de emisiones al medio ambiente.

Esas cadenas de frío de suministro controladas deben garantizar la integridad de la carga, y aquí reviste su importancia superior adecuada, y que la misma se mantenga intacta durante el transporte, con temperatura adecuada para el transporte, almacenamiento y que todo esté listo y óptimo para la venta del producto final.

Tanto el mango como el aguacate como perecederos requieren una correcta cadena de frío para garantizar el mantenimiento y las características organolépticas (que se perciben con los sentidos: aspecto, sabor, color y consistencia) y que sean inocuos y no causen enfermedades al ser consumidos por el receptor final.

La cadena de frío requiere refrigerantes químicos usados en equipos de climatización y refrigeración que son responsables de emisiones directas al ambiente.

- R22, R404a o R507, empleados en aplicaciones comerciales y semi industriales.
- Refrigerantes naturales: Amoniaco (R717), CO2(R744) y Propano (R290).

Después del protocolo de Kyoto sobre el cambio climático, México se ciñe a la reunión de seguimiento COP16, en Cancún, Quintana Roo, reafirma el compromiso con las emisiones y el calentamiento global.

El protocolo en relación a los refrigerantes como el R22 al usarlo se debe canalizar recursos, financiamiento, inversión en tecnologías en países en vías de desarrollo.

En México hay asociaciones y empresas privadas que deciden cumplir con las políticas medioambientales con acciones en pro de reducir las emisiones para el cambio climático.

CADENA DE FRÍO:

Cadena de valor + control de temperatura: Cadena de frío.

➡➡Producción: Selección del producto Transporte refrigerado: Centros de distribución. Distribución Supermercados y tiendas de conveniencias Consumidor final.

Empresas Mexicanas deben integrar sus capacidades y equipos a las cadenas de frío, independientemente de que pertenezcan a una cadena mayor de alguna corporación, deben adecuar, remodelar y adaptar sus instalaciones a equipamientos de refrigeración acordes a los nuevos tiempos y con responsabilidad de proteger el ambiente.

Una empresa usuaria de equipos de refrigeración o climatización se debe adecuar sus costos en equipos, energías, operación e instalación.

En México no existe una regulación que estipule el tipo de frigorífico a utilizar y los vehículos adecuados que deben utilizarse para una correcta cadena de frío.

Lo que implica: Gastos de electricidad, tamaño de las instalaciones e impacto con el medio ambiente.

Conscientes de la importancia de las cadenas de frío con equipos cada vez más eficientes, los que garanticen la calidad e inocuidad de los alimentos transportados y exportados en beneficio de todos.

Tags: #cadenas, #defrio, #perecederos, #importancia, #manejopostcosecha.

Mercado de productos de conveniencia versus confianza del cliente

Una de las principales premisas que los productores y distribuidores de productos de conveniencia deben tener en cuenta siendo totalmente correctos, cumplir con todas las certificaciones de calidad y trabajar de manera orgánica y natural, sin agroquímicos y con una completa garantía de satisfacción para el consumidor.

Hortalizas y otros productos cortados o al natural destinados al consumo directo, porciones cortadas o rebanadas envasadas al vacío como garantía de frescura al mercado retail.

Lo ideal es la practicidad del empaque, calidad, frescura y dinamismo en la distribución, que aún en tiempos de pandemia debido al covid-19, mantienen la inocuidad de los alimentos y sus propiedades para garantizar la alimentación acorde a las reglas y condiciones de ese mercado.

El término conveniencia en este segmento del mercado retail implica el poner a disposición de los consumidores tanto variedad como sabor a través de cortes de calidad, aliños y semillas para lograr sabores frescos y deseables.

Se dividen en gamas de productos, un ejemplo es la llamada quinta gama, con hortalizas de mucha calidad que se empacan al vacío, como la achicoria, puerro, lentejas, alubias, garbanzos y otros, cómodos en su manejo, refrigeración, uso y consumo.

Plantas de hoja de consumo al natural y al vacío como la lechuga y la rúcula o arúgula, hortalizas como zanahorias ralladas que acompañan muy bien al aguacate y se convierten en una auténtica delicia, acompañadas por una o dos porciones de arroz y una bebida de mangos procesada o al natural.

Durante el accionar inclemente del Sars cov-2, lo único bueno es que este tipo de productos llamados de conveniencia ha aumentado, sin embargo, no es capaz de sustituir por completo a la comida preparada en casa.

Mucha gente no se compromete a cortar y trocear a contra reloj en la cocina, sus ocupaciones y un estilo de vida no le facilita las cosas.

Cada productor debe garantizar el producto orgánico, productos ecológicos locales y de calidad. Es difícil poder combinar las propiedades que cumplen los alimentos conferidos, a la vez de que sean ecológicos, pueda considerárseles de conveniencia, y que estos dos aspectos unidos les encarecen, limitan su consumo, y por ende las ventas recurrentes.

Todos los seres humanos necesitamos comer para vivir y cubrir nuestras necesidades básicas de alimentación, nutrición y selección de los alimentos correctos depende de diversos factores.

Conscientes de esta situación, aquí te aportamos información útil para tu satisfacción y como un aporte real para mejorar tu calidad de vida a través de información de primera.

Los gustos en la alimentación, el suplir las necesidades nutricionales y la conveniencia, así como el conocimiento de las técnicas de cocción, unido a la variedad en el consumo, es lo que facilita o no la vida de las personas y la armonía para con su entorno familiar.

No existe una alimentación "ideal" para uno u otro ser humano, las necesidades nutricionales, el estilo de vida, la conveniencia, los mercados y tipos de productos, unido a la confianza de los consumidores es lo que determina los patrones de alimentación, unido a las necesidades individuales versus las investigaciones y las recomendaciones de los profesionales de la medicina, la dietética y/o la nutrición.

El mercado de conveniencias en México, aún con la crisis sanitaria actual ha elevado el tráfico de clientes.

Como una actividad en estos tiempos considerada esencial, más porque ha permitido librar la crisis económica mundial.

Los hogares y las familias aumentan la frecuencia de visitas a este tipo de establecimientos (tiendas de conveniencias), según dato de Lilia Valdés de Shopper & Retail manager de la división Wordpanel de

Kantar México, quién expresa que 3% aumentó el ticket promedio con incrementos de hasta 18%, así Kantar evalúa el consumo de los hogares.

Al día de hoy te mostramos te mostramos incidencias del mercado de productos y tiendas de conveniencias, analizando la confianza de cada vez más clientes en épocas de crisis sanitaria mundial, un aspecto interesante que en el comercio exterior hay que tomar muy en cuenta y aquí valoramos mostrar, con conocimientos de causa para tu satisfacción.

Tags: #tiendas #conveniencia #confianza #clientes #retail #México #Latinoamerica.

Misceláneos del negocio exportador, certificaciones para USA y Europa

En el portal del gobierno de México, https://www.gob.mx el sitio único de trámites, información y participación ciudadana se establecen, entre otros parámetros las reglas del comercio exterior en varios tópicos, y está normado, en relación directa con el aumento de los canales de comercio exterior.

Para abril de 2021 las exportaciones crecieron 75.6% y las importaciones en 48.4% en contraste para el mismo período del año anterior, lo que equivale a un total de 40.773 millones de dolares.

En virtud de garantizar la calidad e inocuidad de las frutas frescas, vegetales y demás perecederos para la exportación, es necesario poner en práctica los siguientes tips:

- Conocimientos de los procesos de exportación
- Datos de cotización para la exportación
- Fijación de precios en servicios de exportación.

Las frutas frescas y hortalizas necesitan conservar sus características y propiedades organolépticas (percibidas por los sentidos: sabor, textura, olor, color, temperatura, humedad).

Uso de empaques y paletas adecuados (exportación), canastillas o cestas (recolección en el sitio).

Condiciones de manejo y almacenamiento

Transporte y manejo, traslado y movilización hasta el acondicionamiento final antes del embarque.

Preservar el producto garantizando las cadenas de frio y las condiciones adecuadas antes de la exportación, el enfriamiento es de vital importancia para mantener la calidad y las propiedades.

Certificaciones que demandan los mercados europeos y norteamericano para el aguacate:

Certificado orgánico: existen requisitos para exportar aguacate orgánico tanto a Europa como a Estados Unidos.

Lo primordial que te exigen para obtener el certificado de aguacate orgánico de origen, para la evaluación y consecución y obtención de este certificado orgánico se requiere un período de transición de 2 a 3 años, desde ese mismo instante no se puede ni se debe usar ningún tipo de producto químico en la producción, y de inmediato poner en práctica estas labores culturales:

- Selección de semillas
- Mantenimiento de la fertilidad
- Reciclaje de la materia orgánica del suelo, conservación del recurso hídrico
- Preparación adecuada de los suelos y métodos de labranza
- Control orgánico de plagas, enfermedades y malezas
- Fertilizantes biológicos u orgánicos
- Biocontroladores y biofertilizantes.

Realizar una producción cíclica donde se aproveche cada recurso disponible para promover su máxima eficiencia, es decir; el máximo potencial en el proceso de producción.

La producción de un aguacate para que sea orgánico, no debe atentar contra la vida humana, contra los insectos benéficos, como abejas y otros polinizadores, ni contra el equilibrio natural del ambiente.

Certificaciones del Aguacate:

- Orgánico SAGARPA México
- ICEA (Instituto para la certificación ética y ambiental)
- Garantía HALAL
- Bioagri Cert
- Metrocert
- Global G.A.P
- Grasp (Global G.A.P)

- SEDEX
- USDA (departamento de agricultura de los estados unidos)
- SMETA
- Certificación SRRC (Sistema de reducción de riesgos).

México como país responsable, garante de las normas internacionales y en virtud de su compromiso como primer exportador mundial del rubro aguacate se adecúa a las normas de exportación establecidas por Europa, estados unidos y otras naciones, por ende, establece las siguientes reglas, normas y leyes:

El servicio nacional de sanidad inocuidad y calidad agroalimentaria (SENASICA)

- Ley de productos orgánicos del diario oficial de la federación del 07 de febrero del 2006.
- Reglamento de ley de productos orgánicos, diario oficial de la federación 01 abril 2010.
- Lineamientos para la operación orgánica de actividades agropecuarias, diario de la federación del 29 de octubre de 2013.
- Acuerdo distintivo nacional de productos orgánicos, uso y etiquetado de rubros certificados como orgánicos, diario oficial de la federación 25 de octubre de 2013.
- Acuerdo que modifica, adiciona y deroga diversas disposiciones y se dan a conocer lineamientos de operación orgánica de actividades agropecuarias en el diario de la federación del 08 de junio 2020.
- Lista nacional de sustancias e insumos permitidos para la operación orgánica agropecuaria.

Estos lineamientos, reglas, directrices y acuerdos se establecieron en virtud del año internacional de la sanidad vegetal 2020 y el 120 aniversario de la sanidad vegetal en México 1900-2020.

Es muy importante conocer estos aspectos legales de la producción, uso y manejo de productos orgánicos, y las conocemos al dedillo, y aplicaremos en todo lo inherente a la exportación y manejo de tus cargas, para obtener un máximo rendimiento, beneficios y satisfacción para todas las partes involucradas durante el proceso.

Tags: **#miscelaneos** **#negocio** **#exportacion** **#aguacate** **#logistica #USA #Europa.**

Perfil tecnológico y logístico del mango y el aguacate

Desde el momento en que el producto es cosechado, se debe garantizar su calidad, integridad e inocuidad (Garantía de que el producto exportado no corresponde un riesgo a la salud del consumidor).

En cuanto a la cantidad de producto, que se transporte o maneje, depende de la productividad en los sitios de producción, por aquello de la capacidad agrícola por unidad de superficie, un elemento de vital importancia al considerar la exportación y la logística de un perecedero.

En comercio exterior debemos contribuir y facilitar tanto la factibilidad técnica, definición y planificación de las metas logísticas cuantitativas, afianzadas en proyectos de generación, para lo cual usaremos la más alta tecnología, capacidad técnica y de profesionalismo.

Nuestro objetivo general para contigo es determinar la mejor forma de adecuar ese perfil tecnológico junto al análisis de restricciones, tanto los pros, como los contras y la adaptación e incorporación de tecnologías de punta disponibles y que en efecto tenemos acceso.

Partiendo desde esa premisa se puede estimar y controlar el impacto de eliminar tantas restricciones a la hora de llevar tu producto perecedero, mango o aguacate, a los mercados foráneos de Europa, Japón y Estados Unidos.

La adaptación por ende de esas técnicas y tecnologías disponibles se enriquecen con la acción puntual de nuestros profesionales en logística, tomando en cuenta el potencial productivo y amilanando cada riesgo, así como los efectos de esas restricciones legales, como los manejos burocráticos.

Para llevar a puerto seguro la logística de los productos con tecnologías y bajos insumos in situ, es necesario balancear el accionar y el ejercicio en un sentido altamente positivo, con inteligencia, capacidades y máxima eficiencia.

Tu productividad es nuestra meta

De hecho, es así, haremos de tu productividad nuestra divisa, para eso colocaremos a tu disposición todo nuestro potencial y conocimientos en comercio exterior, y en logística de alto impacto, con un enfoque organizacional para tu éxito basado en acompañamiento logístico oportuno e integral.

Desde el fenómeno de la llamada Revolución verde, y por como este concepto fue tratada, una temática muy importante desde años atrás en el II Congreso Nacional de Desarrollo Rural, realizado en febrero de 2010 en Zaragoza España, distinción que afianzó a partir de esos años la importancia de un referencial tecnológico y logístico de máxima eficacia.

Así se domina con maestría, el manejo de los recursos agrícolas perecederos que nos ocupan, a saber, mango y aguacate, más aún cuando recorrerán amplias distancias, se hace vital garantizar y velar por las correctas cadenas de preservación o de frio con miras a cerrar con broche de oro un envío para la productividad.

Cada aspecto de este referencial tecnológico debe tomar en cuenta las normas oficiales del Estado Mexicano, entre las que podemos citar:

- NOM-066-FITO-2002. Inherentes al manejo fitosanitario del aguacate y sus guías de movilización y exportación.
- NOM-144-SEMARNAT-2004. Medidas fitosanitarias internacionales cuando se usan embalajes, con maderas (Estibado, paletas).

Ambos son requisitos esenciales al exportar el aguacate. Gran parte del manejo y elemento esencial del referencial tecnológico y logístico en el aguacate recomienda una temperatura en contenedor del fruto en estado verde, entre 5 y 13°c, y para los aguacates maduros, de 2 a 4°c.

Elementos super importantes debido a que México produce 1 de cada 3 aguacates cosechados a nivel mundial.

México del mismo modo constituye el primer exportador de mangos a nivel mundial, cifras muy altas, por encima de sus más cercanos seguidores, como lo son Ecuador, Perú, Brasil y Filipinas*

**Fuente: Proecuador*, principales países exportadores de mangos (Top ten) hacia los Estados Unidos de América.

Valor importantísimo, ya que aporta a los productores Mexicanos, una alta tasa de retorno (TIR), lo que en definitiva hace muy factible la exportación de este rubro, recuperando rápidamente las inversiones iniciales y permitiendo obtener ganancias significativas a mediano y largo plazo.

Según la misma fuente (Proecuador), el 55% del mercado de mangos hacia Estados Unidos está cubierto por los productores Mexicanos, para apoyarte en esta labor de comercio, logística y exportación cuentas siempre con los profesionales de G&P Logística en comercio exterior.

Tags: #Perfil Tecnológico, #Referencial #Manejo, #Mango #Aguacate.

¿POR QUÉ LOS GRANDES calibres de aguacate de Perú desequilibran el mercado global?

En una entrevista realizada por el equipo del sitio web freshplaza.es a **Francois Bellivier de Capexo de Francia.** Quien manifiesta que **los precios van a sufrir un decrecimiento** debido a la sobrecarga y presencia de estos aguacates de alto calibre.

Diatriba de distribución en época de abundancia

Esa gran distribución en época de abundancia complica el valor de venta del producto en muchos mercados globales.

Los productores y exportadores comienzan desde ya una guerra de **promociones para intentar vender el rubro.** Sin embargo, de la producción peruana, aun hay mucho por vender.

Con la calidad del aguacate no hay ningún problema, tanto los productores, como los exportadores operadores peruanos son de los mejores.

La coincidencia en la sobreproducción con países como Sudáfrica y Kenia complican más la eventualidad actualmente suscitada.

Los **operadores del rubro en países como Colombia, México y Chile** se están especializando cada vez más, lo que arrima cada vez más y más aguacate, que se hace necesario colocar, recordemos amigos que es un producto perecedero y se actúa contra reloj.

Comportamiento de los aguacates de gran calibre

Una incertidumbre sobre el comportamiento de los aguacates de gran calibre en México y más aún con la presencia del rubro en nuestro mercado.

México, en Jalisco presenta un aumento significativo, debido a la ampliación de las hectáreas de siembra, a mayor superficie y **atención durante el proceso productivo** y de siembra, cuidado y cosecha genera mucha más producción.

Hay que luchar contra la distención de los mercados, según expresa **Francois Bellivier de Capexo,** de Francia.

Un aliciente ante esta complicada situación lo representa, el hecho de que el aguacate aumenta cada vez más su valía.

Según cifras de Naciones Unidas, el aguacate como rubro tropical está en franco aumento, proveyéndose un aumento sustancial en cuanto a su cosecha y producción año con año, hasta alcanzar valores y picos de hasta 12 millones de toneladas, como estimación para el año 2030*.

***Dato suministrado por la Organización para la Cooperación y el Desarrollo Económicos (OCDE), y las perspectivas agrícolas de Naciones Unidas, para el citado año.**

Las situaciones en cuanto a la temporada peruana, que comenzó prematuramente en este 2021, y al deber enviar frutos con un mínimo apreciable de grasas, que mantienen la calidad y el nivel del productor y exportador.

El **cuidado extremo en este aspecto garantiza la maduración correcta**, si ese aspecto en particular es aprovechable, se mantienen los niveles de colocación estables, lo que hubiese evitado el desequilibrio, por lo menos en los aguacates de alto calibre.

Perú tiene el poder de generar ese impacto en el mercado global, debido a que su cuota en porcentaje, por lo menos en los meses estivales, lo equivale a una cuota de mercado de 70%. Seguido por Sudáfrica (16%), así mismo Colombia, Brasil y México quienes tienen papeles más modestos.

Perú y Kenia, según afirma un exportador de los Países Bajos, así mismo, ofertas como la de Colombia, que intentan **estabilizar el precio y el valor del rubro a nivel mundial**, sin embargo, los volúmenes de Perú, de distintos calibres y más el alto calibre complican la estabilidad de los precios ahora mismo.

Los precios se mantuvieron estables por un buen rato, contribuyendo a eso la demanda de China, pero en el momento comienza a notarse cierto pánico y desequilibrios.

Gracias a Dios, el apetito y el gusto de consumidores mundiales, quienes consideran al aguacate una exquisitez además de un súper alimento, de los cuales, la variedad Hass, es la más apreciada por su gran sabor.

Cada elemento destacable en estas líneas permite generar conciencia y conocimientos, en alusión a los sucesos que influyen en el mercado del rubro del aguacate, y como un país como Perú, con una cuota de mercado importante influye en sus volúmenes, incidiendo por ende en los precios de referencia a nivel mundial.

Tags: #Aguacate #calibre #grande #Perú #Volumen #influencia #mercado #global.

¿Qué hace una empresa de logística y transporte?

Tu mejor opción en envíos, logística y transporte, ese forwarder de confianza es aquel que constituye hoy por hoy tu **proveedor más confiable,** ya que conoce y entiende tus necesidades, las de cada persona y cliente, del mismo modo cubre todo aspecto y demanda, mejorando cualquier tipo de **servicio** existente hasta el día de hoy.

Contamos con un **amplio inventario** de **recursos** tanto **técnicos** como humanos y **logísticos**, con una variedad extensa de conocimiento en **manejo de rutas** que facilitan la **relación precio-valor-calidad-beneficio** y un **servicio especializado** con la opción de envíos consolidados de logísticas en perecederos, como el mango y el aguacate, con una **ingeniería de atención** superiores que pulverizarán a tu competencia.

Esa **garantía** permite tener nutrido y con amplio stock de servicios de exportación, la existencia y llegada a tiempo de tu **mercancía** e inventarios al día con tus encomiendas desde cualquier lugar, resolviendo **envío por envío,** con esa **logística en el comercio exterior.**

Almacenes, logística y transportes

Estas acciones permiten **realizar** con éxito los envíos, donde el producto se mantiene su calidad y texturas con un transporte de primera, gestionamos los almacenes, el transporte y logística donde seremos tu **aliado comercial.**

Envía desde donde estés y hacia el exterior con una **logística de calidad** en tus **encomiendas garantizadas.** Esto debido al proceso de consolidación de tus **productos y mercancías**, lo que te otorga ahorro y comodidad con un óptimo servicio al cliente.

Gestionamos tus envíos mediante una poderosa flota de transporte con esa única relación que nos permite proveerte las mejores condiciones y garantizarte un comercio externo de altura y con calidad superior.

Experiencia y confiabilidad mejoran la acción y nuestra compatibilidad con agentes aduaneros, autoridades y otros prestadores de servicios, con alianzas que mejoran la **eficiencia de nuestras entregas**, claves para tu confianza y satisfacción.

Embalajes anti pérdidas, anti scrach, y anti derrames súper resistentes de calidad superior, paletas, manteniendo la cadena de frío, y complaciendo a los gustos más exigentes de tu publico meta u objetivo, consumidores de tu producto o servicios, hasta la exportación.

Un servicio de carga con controles continuos y **seguros de su envío** con revisiones pedido por pedido, el cual es realizado por **personal** ampliamente **especializado y profesional**.

Servicios de logística, envíos y transporte desde México y para Europa y Estados Unidos.

Operamos para todo el país, directo y desde cualquier parte del territorio nacional **hasta el exterior,** según requerimientos proporcionados por usted en nuestro sistema de solicitud y contacto vía web en https://gyplogistica.mx

Te conectamos como productores y proveedores con recepcionistas finales en Estados Unidos, en Japón y Europa, favoreciendo el intercambio comercial lo que **viabilizará tu economía** y la de nuestro país, al hacerte cliente de **un proveedor de servicios de logística para el comercio exterior**, así disfrutarás de beneficios y promociones que harán crecer tu negocio.

Contenedores en destinos de México, listos para la exportación

Te incluimos el **servicio** y la ventaja de la logística desde México hasta **Estados Unidos y Europa,** gestionamos desde la recepción con nuestros aliados y almacenes de tus productos con logística y transporte desde **México** sin mayores contratiempos, manejos logísticos de primera.

Excelente aliado para productores de mango y aguacate, conectados a los mejores destinos

Te interconectamos el servicio marítimo y aéreo con usted entrelazándole con destinos mundiales incluso del lejano Oriente, como Japón, también Europa y USA, lo que facilita tus procesos exportadores.

ES IMPERATIVO QUE CONOZCAS y apliques una **logística de altura en el comercio para el exterior, que también seas firme y real,** operando para la total **funcionabilidad de tu negocio** y cubriendo las distintas **etapas** con **envíos, logística y transporte** hasta las grandes ciudades en destinos del exterior, con el mejor servicio sin límites de operatividad con total rapidez a la hora de exportar tu producto.

Gestiona una correcta y amplia gama de servicios de **envíos, logística y transporte** con total seguridad y discreción, productos, perecederos, carga volumétrica y contenedores de carga masiva, donde el servicio que su empresa, planta, finca o negocio visualicen, nuestros especialistas en logística y envíos lo hacen realidad.

Contamos con alianzas internas y externas desde el sitio más remoto hasta la ciudad más poblada con igual eficacia, incluyendo el aval y la garantía de satisfacción de entregar a tiempo y con responsabilidad total.

La filosofía de tu empresa de logística y transporte de confianza en entregas no debe ser el secreto mejor guardado ni un caballo de troya, debe ser pura, limpia y transparente, así que confía en G&P logística y transporte en comercio exterior.

"Cumplimos tus tiempos de entrega y garantizamos la integridad de tu mercancía, productos, perecederos o carga para el 100% de tu satisfacción."

En nuestra empresa de **transporte y logística** aplicamos la regla de Pareto: "80% como **garantía de seguridad**, satisfacción y tranquilidad de ti como **cliente**" El restante 20% es lo que recibimos como contraprestación por el **mejor servicio** en **calidad de vida** y **satisfacción** al haberte sido útil.

Amplios vínculos y **asociaciones duraderas** cultivadas por nuestra empresa con todo tipo de **aliados comerciales,** nos otorgan el suficiente aval de poder ofrecerte y cumplirte con un **servicio superior** e integral, blindado con cero fallas y a tu entera satisfacción.

Tags: #logistica #empresa #transporte #mango #aguacate.

¿Qué significa el seguro de cargas en México?

Es indiscutible de que hay muchas cosas en juego cuando te dedicas a la exportación de productos hacia cualquier parte del mundo, más aún cuando es la carga de un producto perecedero, como lo es el mango o el aguacate, por ejemplo, haber pasado por todo el proceso que significó la siembra, inmersa en ella toda labor que deseas lograr una buena cosecha, una vez lograda, no quisieras que se te pierda en tránsito debido a cualquier incidencia o imprevisto.

Hay que estar preparados, sino quieres perderlo todo y más en estos momentos de crisis mundial.

En virtud a eso hoy vamos a conversar sobre el robo y el seguro de cargas en México. Para G&P Logística en comercio exterior somos de la opinión como premisa, de que eso no debe tomarse a la ligera.

Y como reza aquel famoso slogan: **"es mejor tener un seguro y no necesitarlo, que necesitarlo y no tenerlo".** Cita de la empresa Multinacional de Seguros.

En México, según datos de la empresa ORBE, seguros y finanzas, en un reporte presentado a la audiencia nacional, y que tiene que ver con el robo de carga en México, manifiesta que se registraron un total de 4.497 incidentes de robo de carga en México, en el Q1-2021.

Y nosotros pensando que el oficio del corsario, el pirata, aquel bucanero dedicado a surcar los 7 mares, e incluso los territorios, se había terminado.

Ese valor aun cuando es menor en casi un 20% al ocurrido y registrado durante el período Q4-2020, sigue siendo un valor y una cifra preocupantes.

En muchas regiones del país desde centro hasta occidente, los reportes de estas anomalías, se siguen presentando con frecuencia y sin el menor estupor.

Las ciudades donde los sucesos lamentables que continúan azotando cargas, buques, transportes y mermando capacidades logísticas de empresas y que significan grandes magnitudes se dan en:

> Estado de México

> Ciudad de México

> Monterrey

> Guadalajara

> Campeche, bahía de Campeche

> Querétaro

> Oaxaca

> Puebla

> Guanajuato

> Veracruz

> Jalisco

> San Luís Potosí

> Hidalgo, entre otras.

Los productos de mayor incidencia de robos, y por ende los más atractivos para estos hechos son los farmacéuticos, químicos, productos del hogar y jardín, ropa y zapatos, esto no significa que no pueden perderse también cargas agrícolas o de perecederos.

De hecho, el rubro de alimentos y bebidas representa un 42% de este indiscriminado flagelo, de robos e incidencias, seguido de farmacéuticos y productos eléctricos. **Fuente: ORBE, seguros y finanzas.**

¿Qué significa el seguro de cargas en México?

Para iniciar con este elemento, es necesario definir: **Seguro de Carga:** es un contrato acreditado por las empresas de seguro para proteger mercancías en tránsito, de riesgos robos y daños durante el trayecto tanto nacional como internacional.

Esto aplica en transporte (aéreo, marítimo, terrestre y multimodal).

Este servicio aplica a la protección de productos, bienes y servicios: ventas, compras, distribución, importaciones, exportaciones, traspasos, mantenimientos, entre otros.

Estos seguros comienzan desde que la carga es embarcada en el vehículo, cubre su recorrido y termina con la descarga y entrega conforme, luego de la inspección y aceptación durante la recepción.

El seguro de transporte de carga también implica el terrestre, aéreo y fluvial.

Durante nuestra labor como forwarder estamos inmersos en una serie de responsabilidades, ya que ser tu aval logístico de cargas y embarque implica el estar protegidos de negligencias, impericia, omisiones y errores, aquí es donde se evidencia la **importancia del seguro de carga.**

El seguro de carga en México está en diversos tópicos y cubre diversos escenarios, cláusulas de riesgos y algunas empresas competitivas del mercado ofrecen cláusulas adicionales, entre las que podemos citar:

- Robo total de mercancías
- Robos parciales

- Contacto con otras cargas o contaminación cruzada
- Rotura de envases
- Derrames
- Maniobras de carga y descarga, entre otras.

Hoy quisimos darte una visión general muy acertada acerca de los seguros de carga y de incidentes que estos cubren en México, lo más importante de estos conceptos y aproximaciones.

Gobierno y empresas privadas deben estar presentes, y más que un forwarder de confianza, una mano amiga, cuya intención es servir de guía, mostrándote todas las aristas e imponderables que pueden sucederse durante el proceso logístico durante el transporte de tus cargas.

Tags: #Seguro #carga #México #logística #incidentes #servicio #protección #seguridad #productos.

¿Qué tópicos tomar en cuenta durante la exportación de productos alimenticios?

Durante las actividades diarias, las empresas de logística para la exportación de alimentos debemos pasar por una serie de procesos y **cumplir con diversos tópicos**, que han de tenerse muy en cuenta para **garantizar el éxito de tu negocio** exportador.

En todo proceso productivo, y más cuando el producto será destinado a la exportación, y si son alimentos perecederos, se debe asumir riesgos y sobrellevar aspectos de índole muy diversa.

Logística como base de la integridad del producto

La logística, los insumos, el propio proceso productivo y la incertidumbre de algunos mercados juegan papeles preponderantes.

Riesgos diversificables representados por **probabilidades técnicas** y desde luego logísticas, eventualidades o imprevistos que se han de corregir y reducir así el impacto, mejorando y fortaleciendo los canales de comercialización, seguros en la logística y el producto o mercancía, así mismo las probables demandas que enfrentamos, contratos logísticos incumplidos, que desde luego no deben ser la premisa.

Cada labor logística productiva tiene sus riesgos

Cada riesgo a asumir depende de la propia labor productiva e incluso de la adquisición de los **productos destinados a la exportación**, sin contar procesos económicos y trámites engorrosos, y los propiamente logísticos, así como la **estabilidad de los mercados receptores**, en el aguacate particularmente se están presentando ciertos inconvenientes, tienen que ver con la merma en los pedidos asociada a la baja en el consumo en países que tradicionalmente han sido de una demanda estable.

Otro factor a considerar es el de los costos, del mismo modo la **especialización y eficiencia de los competidores**, puede restarte clientes y evitar cerrar tratos con eventuales nuevos mercados.

Las variables intervinientes

Influyen otras variables como la **inestabilidad económica mundial**, los cambios climáticos e incertidumbre, así como los bajones constantes de los precios del crudo, sumado a las alzas en los combustibles y demás sustancias necesarias para el **transporte y los procesos logísticos**, otras variables intervinientes como la mano de obra y los seguros de riesgos para proteger tu inversión representada por tus mercancías.

Debes cuidarte del apalancamiento riesgoso, una incertidumbre que pudiese sobrevenirse si posees algunos compromisos, como deudas, hipotecas o intereses de mora de algún tipo que afecten tu actividad como exportador.

Cada fiel **operador multimodal** te ofrecemos una mano amiga tendiente a brindarte servicios de alto nivel y mucha experiencia en el control y administración de tus procesos logísticos con miras al éxito de la colocación de tus productos en los mercados foráneos de élite.

Esa experiencia nos permite **reducir al mínimo riesgos operativos** y logísticos o los que estén relacionados al transporte de carga y sus derivados.

Vigilamos la operatividad adecuada garantizando el correcto funcionamiento de cada factor de **las cadenas de logística**, así como los transportes y medios adecuados a cada carga de alimentos perecederos o no, aquí el mango y el aguacate nos inspiran a cada vez ser mejores para **garantizar el éxito de tu negocio exportador.**

Cargas adecuadas, ordenadas, demás elementos de protección logística de élite, evitando mermas, **daños y contaminación cruzada**, si acaso este fuere el caso.

Inspecciones al día, entes adiestrados correctamente, unido a mano de obra especializada y vehículos adaptados a cada situación de manera adecuada y al día que garantiza el **traslado e integridad de tus cargas** para la correcta recepción del producto final.

Cadenas de frío e integridad del producto

Insumos necesarios y productos refrigerados manteniendo una correcta **cadena de frío** y almacenados a 4 °c o incluso menos, productos e ingredientes congelados a -18°c.

Al producto final le debemos proveer de las condiciones idóneas para proteger tus cargas de perecederos y/o de otros alimentos evitando **contaminación física**, **química o de microbios** que pueden efectivamente atentar contra la integridad y seguridad del producto dirigido a los mercados comunes de cada exportador por rubros de trabajo hacia los mercados receptores.

Las cámaras de frío deben tener **flujos constantes de aire**, y cada producto allí almacenado, debe cumplir las normas universalmente aceptadas y recomendadas, tópicos como de paletas ubicadas mínimo a

10cm del suelo, a 50cm alejada la mercancía del techo y por lo menos a 15cm de distancia de las paredes, garantizas así la **integridad total del producto almacenado**, manteniendo intacta la cadena de frío necesaria.

En nuestra empresa cada medio de transporte, sea por mar, aire o tierra, puede cubrirse con garantía total cada aspecto del proceso, así como los elementos técnicos y económicos que inciden en el embalaje y en el correcto transportar de tus productos.

Tu forwarder de confianza

Observamos tus necesidades, así como el cumplimiento de los requerimientos y peticiones del importador para que nuestro **trabajo de forwarder**[1] te provea de **soluciones flexibles y eficaces, ya que tus metas son nuestro objetivo**, y esto no impacte sobremanera, a no ser que, sea de forma positiva como garantía del mejor servicio para el éxito durante todo el proceso exportador.

Tags: #topicos, #exportacion, #mango, #logistica, #proceso, #productos, #manejo, #alimentos, #perecederos, #mango, #aguacate.

---

1.   https://gplogistica.mx/#!/blog/tu-forwarder-de-confianza/15/p/

Sequía inminente, productividad y comercio exterior

Para el periódico de los alimentos frescos en su boletín Agroanalytics, se expresa que el país, y aquí nos referimos a México, puede estar enfrentando la peor sequía vista en los últimos 20 años.

En el comercio exterior y en función de la producción y en la calidad de los productos perecederos, esto es algo que no se debe tomar a la ligera.

Más aun cuando el 80% del país según freshplaza, el país México experimenta diferentes niveles de sequía.

La emisión de gases de efecto invernadero, la contaminación de la atmosfera, los niveles freáticos (Agua en el suelo) y la pobre acción de microorganismos que recuperen el suelo, son algunas de las posibles causas de este flagelo.

Cuando se detalla un aspecto vital para el desarrollo de las plantas, elementos que impactan sobremanera en la productividad de perecederos, aquí el mango y el aguacate no son la excepción.

En países como Estados Unidos, durante la semana de la tierra y donde se evalúan aspectos inherentes al cuido del ambiente, la productividad y la conservación de la calidad de productos agrícolas para el mercado nacional y el comercio exterior.

La Asociación de Agricultura y Alimentos verdes de Ohio (OEFFA) quienes respaldan la ley de resiliencia agrícola.

Resiliencia como concepto psicológico, defiende la tesis de afrontar la adversidad, promover el equilibrio y contrarrestar los efectos dañinos que causan adversidad, stress o enfermedad.

El termino extrapolado a la agricultura sustentable, se refiere a pilares fundamentales para el futuro tanto de la humanidad como su alimentación y la propia permanencia de la especie humana en el planeta.

En G & P Logística en comercio exterior al considerar esos niveles de resiliencia enfatiza que visualizando y adoptando esos preceptos se puede abarcar:

✓ Inversiones para una producción sustentable

✓ Mejora de la salud de los suelos (Incorporar prácticas amigables como biocontroladores y biofertilizantes) Esto es una realidad amigos, el suelo es un cúmulo de organismos vidas y preservar su salud, genera vida y por ende productividad.

✓ Desarrollo de pastizales menos extensivos y donde practicas malsanas como el subsolado y la excesiva pulverización del suelo y la materia orgánica, no desgaste tanto las condiciones productivas del suelo.

✓ Promover el uso de energías renovables.

✓ Reducir el desperdicio de alimentos, frutos perecederos y,

✓ Protección constante de las zonas de producción para hacerlas eficientes y sustentables.

Estas premisas no solo deben aplicarse en México, sino a nivel mundial.

Es realmente alarmante lo que expresa el Servicio Meteorológico Nacional (SMN) que en México actualmente el 84.9% de su territorio esté con niveles altísimos de sequía y suelos empobrecidos.

De hecho, la institución oficial expresa que de enero a abril de 2021 se ha registrado 31.4% menos lluvia que la habitual en el año anterior, los niveles freáticos siguen mermando de forma preocupante.

Evidencia clara de estos niveles se acentúa en estados como Coahuila, Sinaloa, Zacatecas y Chihuahua.

Un dato proporcionado por Juan Carlos Ramos Soto, el subgerente de climatología y servicios climáticos del SNM.

Valores reportados por Ramos Soto, el 72.75% del territorio mexicano, presenta niveles desde sequía moderada hasta sequía excepcional, a su vez el 12.21% está moderadamente seco y sólo el 15.04% del país se encuentra fuera de peligro, con respecto a esos niveles exorbitantes de sequía.

A finales de este mes de abril de 2021, el staff de la revista Forbes en su edición México, evidencia que 7 de las 32 entidades del territorio concentran 16 presas con agua, pero sus niveles están a 33% de su capacidad.

Tu trabajo en logística y comercio exterior se debe unir a quienes expresando su preocupación por estos datos, recomiendan adecuar los cultivos a especies que necesiten menos agua, o usar riegos más eficientes, el riego localizado, por ejemplo.

Sistemas de distribución de aguas mucho más eficientes, evitar y denunciar las fugas de aguas, con recursos de almacenamiento más eficientes y cuidar al medio ambiente como fuente de vida, concienciar a la población hacia ese uso racional y medido del recurso. Aprovechar fuentes alternas de abastecimiento.

Es vital cuidar un recurso tan escaso en el mundo, no es una utopía, de hecho, es muy cierto, cuando se dice que los conflictos en el futuro en el mundo, serán por el recurso agua, como fuente de producción agrícola y de alimentación para la vida.

Tags: #Sequia, #productividad, #comercio, #exterior, #vida.

Smart Flow innovación en paletas para una logística de altura

Un correcto, eficiente y duradero estibado ya es posible, de hecho, desde principios de este mes de abril la empresa Smart Flow presenta la innovación en paletas encajables cuadradas de material plástico.

La logística mundial se viste de gala, ya que la citada empresa Belga, sin duda alguna una referencia en logística europea y mundial, presenta este producto innovador para el estibado de productos, mercancías, materiales y equipos.

Ese sistema de paletas encajables cuadrados, un elemento importante que desde ya la empresa provee a nivel mundial va a facilitar el estibado de productos, facilitando el movimiento, la producción, logística y el desarrollo, con mejor disposición de cargas, materiales para diversas industrias.

Una presentación de 3 referencias y sus notables aplicaciones al estibado por áreas e industrias es amplio, desde la farmacéutica, la medicina, la industria agroalimentaria, entre otras de importancia vital.

Formas y medidas adaptadas al formato cuadrado de 20 a 40 pies de los contenedores normalmente usados, sus especificaciones y medidas van desde 1100 x 1100, 1200 x 1200, 1140 x 1140, ideales para transportes marítimos y aéreos.

De material muy resistente, duradero y adaptable por su forma, versatilidad y ergonomía (comodidad de uso y manejo), te ofrece la posibilidad de soportar las cargas, el peso de manera uniforme, no se daña ni se pudre por la acción del agua, ni tampoco sufre daños por agentes biológicos como insectos, polillas, plagas.

Adaptables y simples, pero a la vez cómodas y seguras, identificables de diversas maneras, lo que permite una correcta trazabilidad, de lotes y tipos de productos estibados que así quedan listos para el transporte y el comercio exterior.

Smart Flow marca registrada empresa de Bélgica, la nueva serie de paletas de material 100% reciclables, por ende, amigables con el ambiente, no se deterioran con facilidad y te proveen total control de cada una de las mercancías en flujos constantes y adecuados.

Se adapta perfectamente a elementos fitosanitarios (salud de las plantas) por su limpieza, firmeza y adaptabilidad, tan útil en industrias que requieren total asepsia (limpieza, desinfección) como la farmacia y la medicina, practicas e ideales en la industria de la alimentación, usada en aceites, cereales, azúcar y granos.

También las empresas agrícolas e industriales, en transporte y manejo de semillas, fertilizantes y otros productos de corte agroindustrial.

Presentaciones en colores oscuros, grises y negros, verdes y azules, ideales para mantener la armonía con la identidad de tu marca y los colores de tu empresa, productos o servicios.

Sergio Plata, el country manager de la empresa NAF Colombia, de capital e inversionistas Chilenos, manifiesta al estar llegando a destinos como Holanda, España, Francia, Inglaterra y Alemania, es necesario un transporte, logística y estibado de altura, confiable y con garantías, lo que sin duda Smart Flow provee sin problemas.

Fuente principal de este post: Loginews noticiaslogisticaytransporte.com & www.smartflow.com[2]

Tags: #Smartflow, #innovación, #paletas, #logistica, #estibado.

TENDENCIAS DEL MERCADO
exportador agrícola en México y visión hacia el futuro

La primera de las aristas a considerar en el **sector agrícola en México** tiene que ver con agentes que intervienen como productores del ramo.

Grandes productores y exportadores quienes compiten a nivel local e internacionalmente, los productores locales que se dedican al autoconsumo y a los mercados domésticos.

Otro elemento interesante que actúa e influye de forma negativa en el negocio agroproductor y de exportación lo constituye la **incidencia de plagas y enfermedades** con el potencial de devastar las cosechas y mermar significativamente los niveles de productos para la exportación que deberían generar las **cadenas agroalimentarias**.

Tendencia elemental la representa las **innovaciones tecnológicas y la agricultura de precisión**, el uso de biocontroladores y biofertilizantes, fitoreguladores y semillas de alta calidad o autóctonas sin evidencia de manipulación genética o transgénesis.

Factores y tendencias puntuales

En México factores y tendencias de relevancia influyen en los **costos de producción**, y en la productividad, así como en la calidad de muchos perecederos, los cuales de manera suprema mantienen un sitial de honor entre los más demandados por países importadores y exportadores de relevancia mundial.

Consumidores exigentes y el mostrar como los alimentos producidos influyen o no en la salud de las personas, es importante garantizar la inocuidad de esos productos agrícolas perecederos, es aquí donde logística y el comercio exterior deben contribuir con la difusión de la información relevante en este y otros temas de importancia vital.

Los **diversos nichos agrícolas en México** están tomando un auge tremendo, los valores de producción en segmentos especializados muy rentables colocan a nuestro país en un lugar preponderante.

Factores como la sequía y la disminución en general de las aguas disponibles para riego hacen caer la balanza influyendo directamente en la cantidad, calidad y disponibilidad de cultivos para nutrir **el negocio exportador.**

Determinación de las necesidades de cada planta en tiempo real, sobre todo tratándose de perecederos, y la aplicabilidad de cada método disponible para aumentar la disponibilidad garantizando el acceso a los alimentos y frutos más demandados en los mercados mundiales.

Una tendencia tecnológica actual con visión hacia el futuro se representa en la aplicación o App **Smattcom** en la que se puede consultar, ¿Cómo comprar? Vender y verificar precios de cada producto al día y en tiempo real.

Se puede acceder a los precios y el valor de mercado de unos 750 productos agroalimentarios, con índices de precios promedio, máximos y mínimos para estimar y tomar decisiones de comprar o vender para destinar al consumo o al mercado exportador.

En esta app **Smattcom** existe una data de unos 30.000 usuarios registrados, quienes comercializan sus productos agroalimentarios dentro de la aplicación.

Precios históricos del aguacate Hass

Es de notar que desde la incidencia de la pandemia del coronavirus, el mundo ha tenido que adaptarse, y los precios valor de los productos mundiales, entre ellos los perecederos desde mediados del año 2020 y hasta la fecha, en julio de 2021 han experimentado significativos vaivenes, por los hábitos de consumo y las restricciones de salubridad impuestas en muchos países, enseguida un link de la Sociedad de productores de aguacate Hass Aproam, donde puedes visualizar estos precios y valores de productividad.

Fuente: Precios del aguacate Hass 2021 APROAM[3] Productores de aguacate Hass.

El futuro del agro en México

Como ya te hemos dicho, **el coronavirus** ha trastocado las vidas de muchas personas, sin vislumbrar a ciencia cierta una resolución

---

3.   https://aproam.com/precios/

inmediata de este **flagelo de índole mundial**, se hace necesario aportar por el uso de elementos innovadores para suplir carencias y adaptarse a lo que depara el futuro.

Retos que te incitan a evaluar técnicas y formas de actuar, así como la manera de hacer negocios, modernizarse y lograr alternativas viables y que funcionen en estos escenarios.

Muchas empresas han cerrado, sin embargo, otras innovadoras que procesan cítricos, frutas en conserva o frescas y verduras destinadas a la exportación y al mercado retail mundial, presentan un **aumento exponencial en sus cifras** ya que las personas necesitan preparar alimentos sanos y manejarlos fácilmente, tanto para ese consumo como para la producción y exportación.

Herramientas e información como un valor agregado con cada información y tips innovadores para contribuir no sólo en tu conocimiento sino en tu calidad de vida.

Tags: #tendencias, #mercado, #exportador, #agricola, #comercio, #exterior.

Tu forwarder de confianza

Forwarder, una traducción a español sería, un agente que actúa en nombre de los exportadores, los importadores y las empresas, es quién organiza los envíos y la recepción de las mercancías, la logística, el transporte de todo el material de manera confiable y muy eficiente.

Esta figura, en México se rige por las reglas de la secretaría de relaciones exteriores.

Agente, transitorio o embarcador, también son sinónimos de esta importantísima figura, el agente expedidor o de transporte de mercancías.

Logística y comercio exterior, queremos ser para ti mucho más que un simple intermediario, organizaremos y adaptaremos las distintas etapas del proceso de envío de tus mercancías, con sumo cuidado, los perecederos son muy delicados y requieren de personas realmente capacitadas para su manejo y distribución.

El proceso de envíos de tus cargas y mercancías con una logística de altura, donde cada elemento es estudiado y aplicado de manera correcta y te relacionamos con los mejores prospectos, de una forma personalizada, atendiendo tus requerimientos y necesidades inmediatas.

El embarcador es una persona física o jurídica que actúa como dueño de las mercancías o como un comisionista del mismo y realiza una importante acción celebrando contratos de transporte con las consiguientes funciones de cargador, en el caso del transporte marítimo de mercancías.

También existe la figura del agente naviero quién firma ante los buques como representante del naviero ante las autoridades federales en el puerto, recibe, asiste, inspecciona que el producto llegue bien y sea colocado de forma adecuada en La embarcación asignada.

El forwarder como operador logístico optimiza todo este proceso, adquiere los productos, gestiona el almacenaje, el transporte y la distribución de las mercancías con GRAN EFICIENCIA y diligencia para la empresa o ente al cual le presta el servicio.

Funciones del Forwarder

- Diseña, gestiona y controla el proceso
- Garantiza (según el acuerdo) el aprovisionamiento de transporte, almacenaje o distribución de la mercancía.
- Despachos en aduanas
- Control de calidad
- Soluciones personalizadas durante el servicio
- Asesoramiento en cuanto a rutas más expeditas y medios de transporte
- Detecta o ubica los mejores precios y tarifas preferenciales
- Dibuja o señala rutas de traslados
- Contratación y negociación
- Orden de la carga, vigila la descarga y el seguimiento en la entrega de mercancías (según contrato)
- Prepara documentos
- Tramita documentos
- Cumple leyes y regulaciones
- Despacho aduanal, asesoramiento y contratación
- Coberturas de seguros de carga
- Busca nuevos proveedores.

El Forwarder debe conocer las leyes, normativas y manejar perfectamente normativas y documentación necesaria para ejercer su labor.

El forwarder maneja varias modalidades de transporte:

Transporte marítimo

Transporte por ferrocarril

Transporte por carretera

Transporte aéreo.

La calidad de un gran forwarder la confiere y de hecho su éxito depende de los contactos que tiene, lo que le permite lograr precios inmejorables y hasta tarifas preferenciales, en los eslabones de la cadena y procesos.

Usa rutas comerciales eficientes y establecidas, las más rápidas y de mayor calidad y las más fiables cuidando cada elemento del proceso, asegurando el éxito en cada servicio prestado.

El mejor forwarder domina todos los modelos y elementos del negocio lo cual le hace como ser la estrella del comercio exterior, y en G&P Logística en comercio exterior somos los transitorios de mayor formación, preparación y contactos del mercado, quienes manejamos todos los modelos de negocios de la logística internacional con la garantía de tu total satisfacción.

Comparativa y valores de exportación de aguacates de México y Perú

En los últimos años Perú se ha constituido como uno de los puntales en la exportación del aguacate hacia el mundo, de hecho, hoy día constituye el principal exportador de este rubro hacia Europa.

Sin embargo, tiene un fuerte competidor en México, país que en las primeras 4 semanas de enero de este año 2021, sus exportaciones han estado afianzadas por un sólido 126,374 toneladas, lo cual equivale a un aumento de más de 18% con respecto a el mismo periodo de la temporada anterior de 2019-2020.

En este instante más de 2 millones de cajas enviadas en la semana 22 del año y representa el exportador más alto, en cantidad de toneladas hacia Europa, el producto aguacate Hass, que ha sido enviado al viejo continente entre enero y marzo, atrayendo la cantidad de 64 millones de dolares en divisas.

Un dato importante aun México también exporta a Europa, su principal mercado es Estados Unidos, país que a pesar de la pandemia del Covid-19, el llamado oro verde representa 106.846 toneladas, en enero de 2021 equivale este valor a 126.374 toneladas.

En Perú la empresa de comercialización y distribución de frutas (Promperú) es la que eleva y exige los mayores estándares de calidad más altos, lo cual favorece sobremanera a la exportación del rubro.

En México el récord fue en 2019 certificado por la asociación de productores y empacadores exportadores de México (APEAM) en 4 semanas 109.493 toneladas, en las 2 primeras semanas de la temporada salió de Michoacán a USA 3 mil contenedores, lo que equivale a un tráiler cada 6 minutos.

Agrodata Perú Comercio exterior agropecuario del Perú, según artículo escrito por Wilfredo Koo, en enero de 2021 y en los 3 primeros meses del año, la producción en kg estuvo en enero 4.395,296, en febrero 13.934,157, marzo aumentó a 41.344,341 y en abril alcanza el pico de 71.257,956 kg.

Valores que revelan el liderazgo Peruano, y que sus principales mercados lo constituyen: Holanda (Países bajos) 45% 126.469,673 toneladas, seguido de España con un 20% 56.570,784 toneladas, Rusia y China con valores de 4% cada uno representados por 12.661,511 y 10.490,862 respectivamente.

Para la fuente Promperú, desde 2019 el país y sus exportadores han aumentado en un 69% la exportación con respecto a la temporada anterior.

En estos momentos Perú representa el tercer país exportador de aguacates a nivel mundial, con mayor demanda en los 3 primeros meses del año, y aumentos de exportación a los países bajos de más de 60.2%, España un elevado aumento, muy significativo del 97,8% y Rusia un impresionante y abultado aumento de más de 250,3%.

La comparativa con México aun así, sus niveles de aumento no son tan exorbitantes, si son significativos, desde 2020, en los primeros 6 meses 608 mil 081 TM a nivel mundial un aumento de 11.8% con respecto al mismo ciclo del año anterior, fuente: (APEAM).

Es muy importante y un buen negocio la exportación del aguacate para México en el año 2021.

Para la secretaría de agricultura rural (SADER) el 64% del aguacate de México se exporta a Estados Unidos, provenientes de huertos de menos de 10 hectáreas.

Según (ProHass) asociación de productores de palta Hass Perú, los cambios de hábitos de consumo de los habitantes de ciertos países, sobre todo europeos ha hecho crecer sus mercados en más de 21% en lo que va del año 2021.

Según la cámara de industria y productores de Lima (Cámara Lima) representada por sub subgerente de comercio exterior Mónica Chávez, se ha aumentado en proporción hasta expandirse a 10 nuevos mercados en el mundo desde 2018.

Mientras el Aguacate Hass de México, tiene una alta demanda que aumentó a más de 34 países, como su producto estelar del comercio exterior, tomando en consideración que el manejo y la logística serán puntales del comercio exterior constituye tu aliado principal en este sentido.

El estado de mayor producción de aguacate es Michoacán, con un 74% de los cultivos del país, con 26.000 productores registrados y 60 empresas empacadoras que generan casi 400.000 empleos directos e indirectos.

Rendimientos de entre 10 y 16 toneladas por hectárea.

El 100% del aguacate de Guatemala proviene de México.

El aguacate es uno de los principales rubros de exportación tanto de Perú como de México, aun cuando no son competidores directos, ya que los mercados de cada uno varían desde Europa hasta Estados Unidos.

Sus valores comparativos de producción son muy similares y garantizan gran parte de los ingresos de su población con estos rubros de perecederos, principalmente la variedad Hass, lo que le confiere a cada país un futuro prometedor y a su industria agroexportadora para los años venideros.

Propiedades del aguacate como aporte para una salud perfecta

El departamento de agricultura de los Estados Unidos (USDA) por sus siglas en inglés evidencia un concepto contrario a la creencia y a lo que comúnmente se piensa, el aguacate es un vegetal y no una fruta como muchos piensan.

El que muchas personas consideren que en efecto sea una fruta es porque cumple propiedades botánicas para parecerlo, es una baya de pulpa carnosa y de semilla grande.

Del género Persea y familia Laurácea, por el tipo de árbol que es. Es una exquisitez, además de sus propiedades alimenticias y de grasas buenas y es conocido como pera por su forma y el color verde vivo.

Denominado por la palabra azteca ahuacatl, el mercado norteamericano es abastecido por México en una muy buena medida.

El gran exportador hacia USA, en ese país también se cosechan, la variedad Hass es la más demandada con el 95% del valor producido.

La calidad y propiedades del aguacate, su consistencia, así como los niveles de madurez y una semilla proporcional al tamaño del aguacate.

En G&P Logística en comercio exterior valoramos tu labor, aun cuando nuestra función es mostrarte y prestar servicios de logística y la exportación, esto no nos exime de mostrarte las propiedades del aguacate, características y porque no, hasta recetas, brindándote una información de amplio valor.

Antes de profundizar en las propiedades que te permiten elegir un aguacate perfecto que contribuya además con tu salud, debemos saber que esa perfección viene dada por y estará enfocada según el uso que tú le vayas a dar.

Tiene propiedades medicinales, grasas buenas y primordialmente controla la tensión arterial, estabiliza los niveles de colesterol en sangre con propiedades antiinflamatorias, sacia el apetito, evita el estreñimiento y regula los niveles de glucosa en sangre.

Distintas propiedades:

- Es fuente de grasas saludables, llamadas monoinsaturadas
- Es un antioxidante natural
- Previene complicaciones cardiovasculares
- En la piel cura la resequedad y la dermatitis
- La cáscara tiene compuestos, medicinales que pueden usarse para tratar el cáncer.
- Nutrientes: contiene unas 20 vitaminas, entre las más importantes están: C, E, K, B6 riboflavina, niacina, ácido fólico, ácido pontaneico, potasio, magnesio, luteína, bata caroteno y omega 3, o sea es una bendición de Dios.

Tan famoso es nuestro aguacate que hasta El Nuevo Herald presentó en un artículo resultados de diversos estudios científicos y unas 12 propiedades de este producto milagroso.

Otras propiedades del aguacate

Para el cabello: debido a la cantidad de elementos grasos monoinsaturados usados para reestablecer la humedad en los cabellos quebradizos logrando tersura, suavidad y brillo natural.

Ayuda a las embarazadas ya que les provee de buenas cantidades de ácido fólico, lo cual es maravilloso para el desarrollo del feto.

El aguacate por su alto contenido de fibra natural y grasas saludables y potasio funciona como vasodilatador de músculos y el vaso sanguíneo, lo que contribuye a mejorar el rendimiento y desempeño sexual.

También el potasio contribuye al sistema nervioso, al sistema inmunológico y muscular, lo cual produce un brillo natural, el consumo regular del aguacate genera una piel resplandeciente, ojos más brillantes y cabello reluciente.

Reduce los niveles de colesterol total, colesterol malo LDL, los triglicéridos y previene la aterosclerosis.

A cantidad de fibra natural presente en el aguacate te permite bajar de peso y resolver el nada saludable problema del estreñimiento.

Al consumirlo te provee de una rápida sensación de saciedad, lo que reduce el tamaño de las porciones de alimento consumidos, por ende, la cantidad de calorías consumidas se reduce.

Desde este espacio de estudio e investigación se contribuye con el conocimiento de sus lectores para inducir el consumo de este maravilloso producto, cuya calidad y gran sabor es deleite de grandes y chicos aportando a una vida saludable debido a sus excelsas propiedades.

Tags: #propiedades #aguacate #aporte #salud.

Sequía inminente, productividad y comercio exterior

Para el periódico de los alimentos frescos en su boletín Agroanalytics, se expresa que el país, y aquí nos referimos a México, puede estar enfrentando la peor sequía vista en los últimos 20 años.

En el comercio exterior y en función de la producción y en la calidad de los productos perecederos, esto es algo que no se debe tomar a la ligera.

Más aun cuando el 80% del país según la fuente: freshplaza, el país México experimenta diferentes niveles de sequía.

La emisión de gases de efecto invernadero, la contaminación de la atmosfera, los niveles freáticos (Agua en el suelo) y la pobre acción de microorganismos que recuperen el suelo, son algunas de las posibles causas de este flagelo.

Cuando se detalla un aspecto vital para el desarrollo de las plantas, elementos que impactan sobremanera en la productividad de perecederos, aquí el mango y el aguacate no son la excepción.

En países como Estados Unidos, durante la semana de la tierra y donde se evalúan aspectos inherentes al cuido del ambiente, la productividad y la conservación de la calidad de productos agrícolas para el mercado nacional y el comercio exterior.

La Asociación de Agricultura y Alimentos verdes de Ohio (OEFFA) quienes respaldan la ley de resiliencia agrícola.

Resiliencia como concepto psicológico, defiende la tésis de afrontar la adversidad, promover el equilibrio y contrarrestar los efectos dañinos que causan adversidad, stress o enfermedad.

El termino extrapolado a la agricultura sustentable, se refiere a pilares fundamentales para el futuro tanto de la humanidad como su alimentación y la propia permanencia de la especie humana en el planeta.

Al considerar esos niveles de resiliencia enfatiza que visualizando y adoptando esos preceptos se puede abarcar:

✓ Inversiones para una producción sustentable

✓ Mejora de la salud de los suelos (Incorporar prácticas amigables como biocontroladores y biofertilizantes) Esto es una realidad amigos, el suelo es un cúmulo de organismos vidas y preservar su salud, genera vida y por ende productividad.

✓ Desarrollo de pastizales menos extensivos y donde practicas malsanas como el subsolado y la excesiva pulverización del suelo y la materia orgánica, no desgaste tanto las condiciones productivas del suelo.

✓ Promover el uso de energías renovables.

✓ Reducir el desperdicio de alimentos, frutos perecederos y,

✓ Protección constante de las zonas de producción para hacerlas eficientes y sustentables.

Estas premisas no solo deben aplicarse en México, sino a nivel mundial.

Es realmente alarmante lo que expresa el Servicio Meteorológico Nacional (SMN) que en México actualmente el 84.9% de su territorio esté con niveles altísimos de sequía y suelos empobrecidos.

De hecho, la institución oficial expresa que de enero a abril de 2021 se ha registrado 31.4% menos lluvia que la habitual en el año anterior, los niveles freáticos siguen mermando de forma preocupante.

Evidencia clara de estos niveles se acentúa en estados como Coahuila, Sinaloa, Zacatecas y Chihuahua.

Un dato proporcionado por Juan Carlos Ramos Soto, el subgerente de climatología y servicios climáticos del SNM.

Valores reportados por Ramos Soto, el 72.75% del territorio Mexicano, presenta niveles desde sequía moderada hasta sequía excepcional, a su vez el 12.21% está moderadamente seco y sólo el 15.04% del país se encuentra fuera de peligro, con respecto a esos niveles exorbitantes de sequía.

A finales de este mes de abril de 2021, el staff de la revista Forbes en su edición México, evidencia que 7 de las 32 entidades del territorio concentran 16 presas con agua, pero sus niveles están a 33% de su capacidad.

Compartimos la opinión de quienes expresando su preocupación por estos datos, recomiendan adecuar los cultivos a especies que necesiten menos agua, o usar riegos más eficientes, el riego localizado, por ejemplo.

Sistemas de distribución de aguas mucho más eficientes, evitar y denunciar las fugas de aguas, con recursos de almacenamiento más eficientes y cuidar al medio ambiente como fuente de vida, concienciar a la población hacia ese uso racional y medido del recurso. Aprovechar fuentes alternas de abastecimiento.

Es vital cuidar un recurso tan escaso en el mundo, no es una utopía, de hecho, es muy cierto, cuando se dice que los conflictos en el futuro en el mundo, serán por el recurso agua, como fuente de producción agrícola y de alimentación para la vida.

Tags: #Sequia, #productividad, #comercio, #exterior, #vida.

Prueban nuevas variedades de aguacate top de gran categoría evitando así mermas durante la exportación

El aguacate como producto perecedero exige atención y cuidados, sin embargo, se puede cultivar nuevas variedades con grados de maduración variable que resisten más el manejo y reducen pérdidas durante la exportación.

Esto te ha de permitir **gestionar más óptimamente las cadenas de suministros**, bajando así considerablemente las mermas del fruto perdido o sobre madurado.

Cada aspecto de esta optimización en el manejo de los frutos es discutido y hasta pormenorizado, incluso se crean protocolos sobre el tipo de frutos, los tamaños y la **integración de nuevas variedades**, las cuales resulten más aptas y por ende afines con este proceso de adaptación de los **exportadores y forwarders en servicio**.

Este particular elemento contribuye al aumento de tendencias en relación a ventas y a la obtención de un dominio más acorde con el manejo en los mercados receptores y desde luego desde donde se procesa la mercancía que al fin y al cabo deben ser aguacates de calidad, que no sólo contribuyan con los estándares internacionales, sino que sean del agrado del público receptor.

Aplicar este mecanismo integrador y productivo, hizo que las exportaciones de los primeros 6 meses de la temporada de 2021 estén muy por encima de los valores del mismo período en el año 2020.

Un aspecto halagador que lamentablemente no se tradujo en un gran aumento en dolares americanos de **recaudación por conceptos de venta y exportación**.

Los precios van recuperándose poco a poco y más cuando las variedades más óptimas la sigue constituyendo la todoterreno variedad Hass, cuya penetración en general como fruta sube a 60% en los hogares.

La familia adquiere aguacates de variedades de mucha calidad con frecuencia, esto contribuye con la salud de sus miembros y por supuesto con los mercados a nivel mundial.

Un punto guía excelente para promover variedades nuevas, probar su resistencia o susceptibilidad tanto a plagas como a enfermedades, y que a su vez demuestren resistencia y **aguante a manejos cada vez más toscos y fuertes.**

¿Cuáles son esas nuevas variedades?

La mayor parte de ese mercado de hierro le corresponde a la ya citada variedad Hass, y están entrando en su categoría, **nuevas variedades como el aguacate Cocktail y Pinkerton.**

La investigadora Anne-Marie Roerink de la empresa 210 Analytics expresó: "estas nuevas variedades pueden ser una excelente guía para medir los grados de consumo en una línea estable, visualizando y estudiando los picos adicionales de crecimiento".

Los hábitos de consumo de las personas con motivo de los efectos del coronavirus y de cómo la pandemia y el claustro ha influido en sus patrones de alimentación, aumentando en el almuerzo la ingesta en cantidad versus el número de personas, y en las cenas tienden a comer más liviano y sano con ensaladas y sándwiches, he aquí la gran **oportunidad para inducir el aumento en el consumo**, así como la presencia en la mesa de estas **variedades de aguacates emergentes muy prometedoras.**

El aguacate es por naturaleza delicado en cuanto a su maduración, y madura luego de ser cosechado y no en los árboles como otras frutas, esa sensibilidad en su proceso de maduración, y el cómo esto es influido por los elementos y cambios de temperatura, así como la exposición directa al etileno le puede afectar al hacerlo en períodos prolongados.

Debes manipular el aguacate en sus épocas exactas y adecuadas. En virtud a esta premisa recomiendan investigadores calificados (autoridades en la materia), hacer la recolección y la **manipulación del fruto con una maduración uniforme**, allí aplicar el etileno y enfriar muy rápido a temperatura baja, mantener esa temperatura constante y recomendada, usar depuradores durante el transporte en los termo King o camiones.

Debes tener mucho cuidado con el espacio destinado al aguacate en el transporte, una vez madurados aumenta su adaptabilidad y la incompatibilidad con manejos descuidados tiende a causar mermas en el rendimiento.

Mueve cargas más verdes y crea conciencia en el consumidor, al explicar a los clientes de que mientras más verde se transporte (verde con grado de avance cerca de la maduración adecuado), sólo así durarán más tiempo y llegarán más frescos y sanos a los puntos de distribución y ventas en tiendas y supermercados.

Este tipo de manejo anteriormente descrito permite **probar nuevas variedades top de aguacates**, las cuales vienen a integrar y a nutrir el abanico de opciones en la mesa de cada vez más exigentes comensales, aguacates de categoría, variedades nutritivas y resistentes al manejo, y que a su vez tienen el valor agregado de que evitan perdidas.

Grados óptimos de maduración contribuyen a la eficiencia en el manejo

Esos grados más óptimos de maduración en esas variedades top de aguacates contribuyen con cada mejora y la **eficiencia de la cadena de suministros**, un aspecto de vital importancia cuando se quiere nutrir adecuadamente los mercados, de forma constante y por eso aquí en **nuestro libro,** te brindamos un gran aporte, aparte de **servicios forwarder de altura y planificación a nivel logístico**, la información más top y actualizada para contribuir con tu conocimiento sobre las tendencias en el manejo y logística de perecederos.

Todo esto con una visión clara hacia el futuro tendiente a tu productividad, pero sobre todo a cumplir con las expectativas de los consumidores más osados y exigentes a nivel mundial, un hecho de vital importancia en un mundo como el de hoy.

Tags: #variedades #aguacate #top #categorias #grados #maduracion #procesos #manejo #logistica #comercio #exteror #mermas #rendimiento.

¿QUÉ HACE UNA EMPRESA de logística y transporte?

Tu mejor opción en envíos, logística y transporte, ese forwarder de confianza, donde **logística y comercio exterior**, constituye hoy por hoy tu **proveedor más confiable,** ya que conoce y entiende tus necesidades, las de cada persona y cliente, del mismo modo cubre todo aspecto y demanda, mejorando cualquier tipo de **servicio** existente hasta el día de hoy.

Contamos con un **amplio inventario** de **recursos** tanto **técnicos** como humanos y **logísticos**, con una variedad extensa de conocimiento en **manejo de rutas** que facilitan la **relación precio-valor-calidad-beneficio** y un **servicio especializado** con la opción de envíos consolidados de logísticas en perecederos, como el mango y el aguacate, con una **ingeniería de atención** superiores que pulverizarán a tu competencia.

Esa **garantía** permite tener nutrido y con amplio stock de servicios de exportación, la existencia y llegada a tiempo de tu **mercancía** e inventarios al día con tus encomiendas desde cualquier lugar, resolviendo **envío por envío**, con esa **logística en el comercio exterior.**

Almacenes, logística y transportes

Estas acciones permiten **realizar** con éxito los envíos, donde el producto se mantiene su calidad y texturas con un transporte de primera, gestionamos los almacenes, el transporte y logística donde seremos tu **aliado comercial.**

Envía desde donde estés y hacia el exterior con una **logística de calidad** en tus **encomiendas garantizadas.** Esto debido al proceso de consolidación de tus **productos y mercancías**, lo que te otorga ahorro y comodidad con un óptimo servicio al cliente.

Gestionamos tus envíos mediante una poderosa flota de transporte con esa única relación que nos permite proveerte las mejores condiciones y garantizarte un comercio externo de altura y con calidad superior.

Experiencia y confiabilidad mejoran la acción y nuestra compatibilidad con agentes aduaneros, autoridades y otros prestadores de servicios, con alianzas que mejoran la **eficiencia de nuestras entregas**, claves para tu confianza y satisfacción.

Embalajes anti pérdidas, anti scrach y anti derrames súper resistentes de calidad superior, paletas, manteniendo la cadena de frío, y complaciendo a los gustos más exigentes de tu publico meta u objetivo, consumidores de tu producto o servicios, hasta la exportación.

Un servicio de carga con controles continuos y **seguros de su envío** con revisiones pedido por pedido, el cual es realizado por **personal** ampliamente **especializado y profesional**.

Servicios de logística, envíos y transporte desde México y para Europa y Estados Unidos.

Operamos para todo el país, directo y desde cualquier parte del territorio nacional **hasta el exterior,** según requerimientos proporcionados por usted en nuestro sistema de solicitud y contacto vía web:

https://kdpeditorialdesign.com/ [1]

Te conectamos como productores y proveedores con recepcionistas finales en Estados Unidos, en Japón y Europa, favoreciendo el intercambio comercial lo que **viabilizará tu economía** y la de nuestro país.

Contenedores en destinos de México, listos para la exportación

Te incluimos el **servicio** y la ventaja de la logística desde México hasta **Estados Unidos y Europa,** gestionamos desde la recepción con

---

1.	https://kdpeditorialdesign.com/%20

nuestros aliados y almacenes de tus productos con logística y transporte desde **México** sin mayores contratiempos, manejos logísticos de primera.

Excelente aliado para productores de mango y aguacate, conectados a los mejores destinos

Te interconectamos el servicio marítimo y aéreo con usted entrelazándole con destinos mundiales incluso del lejano Oriente, como Japón, también Europa y USA, lo que facilita tus procesos exportadores.

Las empresas logísticas y de manejo deben operar para la total **funcionabilidad del negocio exportador** y cubrir las distintas **etapas** con **envíos, logística y transporte** hasta las grandes ciudades en destinos del exterior, con el mejor servicio sin límites de operatividad con total rapidez a la hora de exportar tu producto.

Movilizamos una amplia gama de servicios de **envíos, logística y transporte** con total seguridad y discreción, productos, perecederos, carga volumétrica y contenedores de carga masiva, donde el servicio que su empresa, planta, finca o negocio visualicen, nuestros especialistas en logística y envíos lo hacen realidad.

Contamos con alianzas internas y externas desde el sitio más remoto hasta la ciudad más poblada con igual eficacia, incluyendo el aval y la garantía de satisfacción de entregar a tiempo y con responsabilidad total.

La filosofía de tu empresa de logística y transporte de confianza en entregas no debe ser el secreto mejor guardado ni un caballo de troya, debe ser pura, limpia y transparente, así que confía en tu logística y transporte para el comercio en el exterior.

"Cumplimos tus tiempos de entrega y garantizamos la integridad de tu mercancía, productos, perecederos o carga para el 100% de tu satisfacción."

En nuestra empresa de **transporte y logística** aplicamos la regla de Pareto: "80% como **garantía de seguridad**, satisfacción y tranquilidad de ti como **cliente**" El restante 20% es lo que recibimos como contraprestación por el **mejor servicio** en **calidad de vida** y **satisfacción** al haberte sido útil.

Amplios vínculos y **asociaciones duraderas** cultivadas por nuestra empresa con todo tipo de **aliados comerciales,** nos otorgan el suficiente aval de poder ofrecerte y cumplirte con un **servicio superior** e integral, blindado con cero fallas y a tu entera satisfacción.

Tags: #logistica #empresa #transporte #mango #aguacate.

Para finalizar, un consejo del señor Manuel Delgado en relación a tu presencia local y el comercio con presencia internacional.

Dice Manuel: "presencia física en tu zona de interés no es absolutamente necesaria... pero ayuda mucho. **Sin ella, todo va más lento** y es más difícil capturar información que te será útil para saber cómo van las cosas. Sin embargo, **abrir una oficina y llenarla de gente no es la única opción** para lograr esa presencia física. Una persona desplazada con un despacho en su casa, viajes periódicos de duración suficiente o un acuerdo con un (buen) distribuidor local que te represente son fórmulas perfectamente válidas para dar los primeros pasos. Analiza los pros y los contras de cada una, pero no las descartes de antemano".

Editorial Design

Don't miss out!

Visit the website below and you can sign up to receive emails whenever Wilmer Antonio Velásquez Peraza publishes a new book. There's no charge and no obligation.

https://books2read.com/r/B-A-QWWS-ZOYDC

BOOKS2READ

Connecting independent readers to independent writers.

Did you love *Producción y logística para la exportación de mango y aguacate*? Then you should read *Educación Ambiental*[2] by Wilmer Antonio Velásquez Peraza!

[3]

Proyecto Elemental de Educación Ambiental

El presente Trabajo titulado: "Propuestas educativas para el desarrollo de la educación ambiental en primaria" es un proyecto de Educación Ambiental dirigido al alumnado de Educación Primaria.

Su objetivo principal es desarrollar una metodología implicada en el respeto y cuidado al medio ambiente. Se busca con ello la participación activa de toda la población objeto a estudio. Para ello se experimentó con un método de Investigación.

La Investigación Acción Participativa, modalidad cualitativa. Para cumplir los objetivos se trabajó con grupos focales (4 estudiantes por

---

2. https://books2read.com/u/4jqB9o

3. https://books2read.com/u/4jqB9o

cada uno de los salones de clase y los 3 docentes). Se aplicó una encuesta de cuatro ítems y se triangularon los resultados.

Esta propuesta pretende promover la responsabilidad y el compromiso de toda la comunidad educativa concienciándolos sobre la importancia del ambiente. Cuidar el ambiente, es cuidar el futuro, y preservar la vida.

Read more at https://kdpeditorialdesign.com/.

Also by Wilmer Antonio Velásquez Peraza

Ambiente, permacultura y vida
Educación Ambiental

Copywriting Hoy
Copywriting Hoy

Finanzas & Libertad Fnanciera
Dinero en línea Interconexión Global

Literatura didactica e Infantil
Aprendiendo, creando y jugando

Marketing & Publicidad
SEO & Marketing 2023

Producción, logística y Exportación
Producción y logística para la exportación de mango y aguacate

SEO & Marketing
¿Cómo hacer Best Sellers tu libro en Amazon?

About the Author

Copywriter certificado y especialista en storytelling con conocimientos y experiencia en marketing digital, el CEO fundador de KDP Diseño Editorial y Lcdo. En gestión social y Planificador, diplomado en docencia universitaria, investigador analista de desarrollo social y promotor social comunitario, escritor, redactor profesional, storytelling y redacción SEO Optimizada así como a crear textos publicitarios para todo tipo de recursos digitales en internet, páginas web, landing page, pillar page, diseño gráfico, prologuista y editor, corrector, ortotipográfico, semántica, sintaxis y redacción publicitaria de perfiles de plataformas diversas en internet

Read more at https://kdpeditorialdesign.com/.